**MESSER MAGAZIN** WORKSHOP

Heinrich Schmidbauer und Hans Joachim Wieland

# Steckangelmesser

Heinrich Schmidbauer und Hans Joachim Wieland

# Steckangelmesser

Schritt für Schritt:
Vom rohen Stahl zum fertigen Messer mit Scheide

2. Auflage, 2016

Alle Rechte der Verbreitung sind vorbehalten.
Nachdruck, auch auszugsweise, nur mit schriftlicher Genehmigung des Verlags.

ISBN 978-3-938711-20-0

© copyright by
Wieland Verlag GmbH, Rosenheimer Straße 22, D-83043 Bad Aibling
Telefon 08061/38998-0, Fax 08061/38998-20
Internet: www.wieland-verlag.com
E-Mail: info@wieland-verlag.com

Fotos: Hans Joachim Wieland, soweit nicht anders angegeben

Umschlaggestaltung und Layout: Caroline Wydeau

Druck: Print Consult

Printed in EU

# INHALT

|   | Ein paar Sätze vorab | 4 |
|---|---|---|
| 1. | Einleitung | 8 |
| 2. | Die Werkzeuge | 12 |
| 3. | Die Materialien | 18 |
| 3.1 | Die Klingenstähle | 18 |
| 3.2 | Das Griffmaterial | 24 |
| 4. | Die Klinge | 26 |
| 5. | Ätzen und Finish der Klinge | 42 |
| 6. | Der Griff | 54 |
| 7. | Die Scheide | 78 |

# EIN PAAR SÄTZE VORAB

Das Messermachen wird als Hobby zunehmend beliebter. Immer mehr Menschen entdecken, wie viel Freude es bringen kann, einen so schönen und gleichzeitig praktischen Gegenstand wie ein Messer selbst anzufertigen. Den Einstieg in dieses schöne Hobby bildet in der Regel ein feststehendes Messer. Es ist wesentlich einfacher zu machen als ein Klappmesser, weil es keine bewegliche Mechanik braucht. Dennoch bietet auch ein feststehendes Messer seine Herausforderungen für den Messermacher – vor allem, wenn man auch die Klinge selber anfertigt und nicht auf eine Fertigklinge zurückgreift.

Es gibt zwei verschiedene Bauarten eines feststehenden Messers: Entweder es besitzt eine flache Angel, auf die seitlich Griffschalen gesetzt werden. Oder es besitzt eine Steckangel, auf die der Griff aufgesteckt wird. Mit dieser zweiten Variante, die anspruchsvoller und oft auch schöner ist, beschäftigt sich dieser Workshop-Band.

Wir haben die Klinge von Hand gefeilt. Das erstens, weil die meisten angehenden Messermacher keinen Bandschleifer zur Verfügung haben. Zweitens hat die reine Handarbeit ihren Charme – für den Messermacher, aber auch für den Kunden, der das Messer später vielleicht kauft. Für manche ist nur ein handgefeiltes Messer ein wirklich handgemachtes Messer. Das Feilen ist zwar mühsam, aber es macht auch Spaß und sorgt beim fertigen Messer für ein besonderes Gefühl der Zufriedenheit.

Mit der MESSER MAGAZIN Workshop-Reihe wollen wir Ihnen Hilfestellung in allen technischen Fragen geben und Ihnen so manchen Fehler er-

## Ein paar Sätze vorab

sparen. Diese Buchreihe stellt eine Vielzahl von Themen rund ums Messermachen dar – so aufbereitet, dass Sie jeden einzelnen Schritt nachvollziehen und auch nachmachen können. Dabei haben wir besonders auf die Praxis- und Werkstatttauglichkeit der Bände Wert gelegt.

Deshalb sind alle Bände der Reihe mit einer Spiralbindung versehen. Auf diese Weise bleibt das Buch aufgeschlagen so liegen, wie Sie es hinlegen. Außerdem haben wir bei der Größe der Bilder und Schriften darauf geachtet, dass Sie noch alles lesen und erkennen können, wenn Sie arbeiten und das Buch neben sich liegen haben.

Dieser Band basiert auf mehreren Workshop-Beiträgen, die im MESSER MAGAZIN erschienen sind. Dieses Material wurde überarbeitet, aktualisiert und ergänzt. Wir haben versucht, jeden Arbeitsschritt so verständlich wie möglich darzustellen. Trotzdem sollten Sie, bevor Sie zum Werkzeug greifen, die Beschreibungen in diesem Buch vollständig durchlesen. Dann wissen Sie, was auf Sie zukommt, und erleben nicht mitten in der Arbeit unangenehme Überraschungen.

Ich wünsche Ihnen viel Freude und gutes Gelingen bei der Arbeit!

*Hans Joachim Wieland*
*Chefredakteur MESSER MAGAZIN*

## Ein paar Sätze vorab

Das handgefertigte Messer ist eines der ältesten Werkzeuge der Menschheit. Das Messer hat bis in unsere von Technik und Industrie geprägte Zeit nichts an Faszination und Wichtigkeit eingebüßt. Im Gegenteil – der Mensch versucht immer mehr aus dem modernen Alltag, der von Maschinen geprägt ist, zu entfliehen. Immer mehr Menschen sind auf der Suche nach dem einfachen und ursprünglichen Dingen des Lebens. Sie besinnen sich zurück und erkennen den Wert von handwerklicher Arbeit und ursprünglichen Materialien. Ein Messer in seiner einfachen, authentischen Form gibt uns allen einen Teil dieses Wesentlichen zurück.

Ein Messer kann eine Seele haben. Voraussetzung dafür ist der Messermacher selbst. Er ist es, der einem Stahl Leben gibt. Er verbringt viele Stunden der Mühe mit der Herstellung eines Messers. Er benutzt dazu seine Hände, und durch diese bekommt sein Messer diese Seele.

Das hat auch mit Perfektion zu tun: Man muss die notwendige Zeit investieren, um dem Messer den letzten Schliff zu geben, getreu dem Motto: „Wenn du meinst, dein Messer ist fertig, dann arbeite noch eine Stunde daran!"

Es gibt verschiedene Gründe, mit dem Messermachen zu beginnen. Da ich Jäger bin, wollte ich ein Jagdmesser im nordischen Stil nach meinen Bedürfnissen in guter Qualität kaufen. Auf dem Markt fand ich aber nichts Entsprechendes. Ich beschloss daher, selbst ein Messer zu bauen. Das war alles andere als einfach und mit vielen Fehlschlägen verbunden. Allerdings hatte mich der Ehrgeiz gepackt. Ich hatte das Glück, mit sehr guten Messermachern in Kontakt zu kommen, die mir bereitwillig Auskunft und moralische Unterstützung gaben. So entstand mein erstes gebrauchsfähiges Jagdmesser.

Mein größtes Problem in der Anfangszeit stellte die Klinge dar. Ich wollte keine Fertigklinge, sondern meine eigene Klinge, meine eigene Form. Dazu muss man die Klinge aus einem Stück Stahl herausarbeiten. Meine ersten Messer feilte ich alle von Hand. Ich hatte damals noch keinen Bandschleifer. Die einzige Maschine, die ich benutzte, war eine Bohrmaschine.

So wie mir wird es vielen Neueinsteigern ergehen. Manche werden auch mit der Verwendung eine Fertigklinge ihre ersten Erfahrungen machen. Das sollte aber wirklich nur der Anfang sein, um den Umgang mit Materialien und Werkzeug zu üben. Ich meine: Ein richtiger Messermacher macht seine Klinge selbst.

Mit viel Fleiß und Ausdauer wird sich der Erfolg auch einstellen. Es gibt viele Kollegen, die gerne bereit sind, Neueinsteigern wertvolle Tipps zu geben. Suchen Sie das Gespräch! Aber Achtung: Wenn sie mit dem Messermachen einmal angefangen haben, kann es leicht zur Sucht werden – und davon kommen Sie kaum mehr los.

*Heinrich Schmidbauer*

# EINLEITUNG

Es gibt im Wesentlichen zwei Verfahren, um ein feststehendes Messer zu bauen: die Steckangel- und Flachangel-Methode. Bei einem Steckangelmesser steckt die Angel (auch Erl genannt) im Griff – so wie der Name sagt. Die Angel ist hier ein dünner, runder oder vierkantiger Fortsatz der Klinge. Bei einem Flachangel-Messer ist die Angel flach und besitzt in der Regel die selbe Stärke wie der Klingenrücken. Der Griff besteht aus zwei Teilen, die rechts und links montiert werden. Dazwischen bleibt die Angel normalerweise sichtbar und reicht bis zum Ende des Griffs.

**Zwei Wege zum Ziel: Oben ein Flachangelmesser in traditioneller Nickerform von der Solinger Firma Linder, unten ein Steckangelmesser von Heinrich Schmidbauer.**

Foto: Linder

Kapitel 1: Einleitung

Fotos: Herbertz, Hubertus

Variante des Themas: Steckangel-Jagdnicker von Hubertus, Solingen, mit Hirschhorngriff und auffälligen Monturen.

Nordische Lösung: Steckangel-Jagdmesser mit Maserbirken-Holzgriff des finnischen Herstellers Marttiini.

Beide Verfahren sind seit Jahrhunderten bewährt. Sie besitzen verschiedene Vor- und Nachteile. Für ein Flachangelmesser spricht die etwas einfachere Herstellung ebenso wie die tendenziell höhere Stabilität. Im Gegensatz dazu hat die verdeckte Angel eines Steckangelmessers ästhetische Vorzüge, vor allem bei Griffen mit rundem Profil. Zudem berührt man bei einem solchen Messer nur das Griffmaterial und nicht den Stahl, was Steckangelmesser eher zu Handschmeichlern macht als Flachangelmesser.

In diesem Band geht es ausschließlich um Steckangelmesser. Diese Bauweise ist typisch für eine Vielzahl von traditionellen Messerformen, wie zum Beispiel den klassischen bayrischen Jagdnicker oder das finnische Puukko. Gerade in Skandinavien sind Steckangelmesser die bei weitem bevorzugte Bauform, was auch mit den dortigen Wintertemperaturen zu tun hat: Bei tiefen Minusgraden liegen Griffe aus Horn, Knochen oder Leder mit verdeckter Angel angenehmer in der Hand als solche, bei denen die Kanten des kalten Stahls seitlich frei liegen.

Bei einem Steckangelmesser ist der Griff entweder nur aufgesteckt und verklebt oder er wird am Griffende verschraubt oder vernietet. Bei aufgesteckten Griffen kann die Angel mehr oder weniger weit in den Griff hinein reichen. Hier gilt grundsätzlich: Je weiter die Angel in den Griff geht, desto stabiler ist die Konstruktion. Eine Sonderform findet bei japanischen Samurai-Schwertern Verwendung: Hier wird der Griff ausgesteckt und mit einem quer liegenden Bambusstift gesichert, der durch eine Bohrung in der Angel gesteckt wird.

Die Schwierigkeit bei einem Steckangelmesser liegt darin, zwischen Griff und Angel eine exakte Passung herzustellen. Das erfordert die richtige Vorgehensweise, ein bisschen Fingerspitzengefühl und vor allem viel Geduld. Man muss in der Regel das Messer sehr oft versuchsweise montieren, wieder auseinandernehmen, nacharbeiten, wieder zusammensetzen und so weiter. Wer sich diese Mühe macht, wird aber mit einem schönen und soliden Ergebnis belohnt.

Die Fotos zu diesem Band sind bei Heinrich Schmidbauer entstanden. Der bekannte Messermacher hat alle Arbeitsgänge für uns am praktischen Bei-

**American Classic: Steckangelmesser der Firma Randall mit einem kombinierten Hirschhorn-Leder-Griff mit Messingmonturen und Zwischenlagen aus Messing und Vulkanfiber.**

spiel demonstriert. Feststehende Messer mit Steckangelkonstruktion sind die typische Bauform von Heinrich Schmidbauer. Er hat mit dieser Art von Messer viel Erfahrung und gibt Ihnen wertvolle Tipps für die Praxis.

Wir haben die verschiedenen Abschnitte des Messerbaus (Klinge entwerfen, anfertigen und ätzen, Griff anbringen, Lederscheide machen) anhand von verschiedenen Messern dokumentiert. Das spielt aber keine Rolle, da die grundlegende Konstruktion und das Basisdesign identisch sind. Diese Anleitung soll Sie auch nicht nur dazu befähigen, ein ganz bestimmtes Messer nachzubauen, sondern Ihnen das Konzept und die einzelnen Arbeitsschritte so verständlich machen, dass Sie in der Lage sind, jedes feststehende Steckangelmesser anzufertigen. Damit können Sie völlig frei mit eigenen Entwürfen arbeiten und Ihrer Kreativität freien Lauf lassen.

Die hier vorgestellten Arbeitsschritte und Vorgehensweisen sind als Vorschlag zu verstehen. Wir haben nicht die Weisheit für uns gepachtet und erheben auch nicht den Anspruch, die allein seligmachende Methode zu kennen. Viele Wege führen nach Rom, und es gibt eine ganze Menge unterschiedliche Vorgehensweisen, an deren Ende das gleiche Ergebnis steht. Andere Messermacher arbeiten im Detail sicher anders als Heinrich Schmidbauer. Finden Sie heraus, was für Sie am besten funktioniert, und arbeiten Sie damit.

# DIE WERKZEUGE

Alle Arbeitsschritte haben wir ganz bewusst mit möglichst einfachen Werkzeugen ausgeführt. Die Klinge wird per Hand gefeilt, und auch sonst benötigen Sie keinen großen Maschinenpark, sondern nur eine Werkstatt-Basisausstattung. Die einzige Maschine, die nicht fehlen sollte, ist eine Ständer-Bohrmaschine. Zur Not tut es auch ein Ständer, in den Sie eine Handbohrmaschine einspannen können, aber es gibt mittlerweile in jedem Baumarkt brauchbare Ständerbohrmaschinen für relativ wenig Geld. Diese Anschaffung lohnt sich in jedem Fall, weil eine solche Maschine das senkrechte Bohren von Löchern sehr erleichtert. Zur Ständerbohrmaschine gehört ein kleiner Maschinenschraubstock, in den Sie die Werkstücke zum Bohren einspannen können.

Darüber hinaus ist es empfehlenswert, sich eine kleine Auswahl von hochwertigen Feilen zuzulegen. Neben flachen Feilen in verschiedenen Größen und Hieben (Infos dazu auf der Seite rechts) sollten Sie sich auf jeden Fall mehrere Rundfeilen und mindestens eine Mühlsägenfeile (mit glatten Kanten) anschaffen. Achten Sie dabei auf Qualität: Die Feile ist das wichtigste Werkzeug des Messermachers, und eine gute Feile hält sehr lange.

Das wichtigste Werkzeug des Messermachers: Feilen mit unterschiedlichen Profilen und Hieben.

Kapitel 2: Die Werkzeuge

## WAS DIE HIEBNUMMERN BEDEUTEN

Feilen gleicher Hiebnummer haben, je nach Länge, unterschiedliche Hiebzahlen.
Die Anzahl der Hiebe pro Zentimeter beträgt etwa:

| Hiebnummer | Bezeichnung (Fachbezeichnung) | Hiebzahl |
|---|---|---|
| Hieb 0 | grob (doppelbastard) | 4,5 - 10 |
| Hieb 1 | mittelgroß (bastard) | 5,3 - 16 |
| Hieb 2 | mittelfein (halbschlicht) | 10 - 25 |
| Hieb 3 | halbfein (schlicht) | 14 - 35 |
| Hieb 4 | fein (doppelschlicht) | 25 - 50 |
| Hieb 5 | sehr fein (feinschlicht) | 40 - 71 |

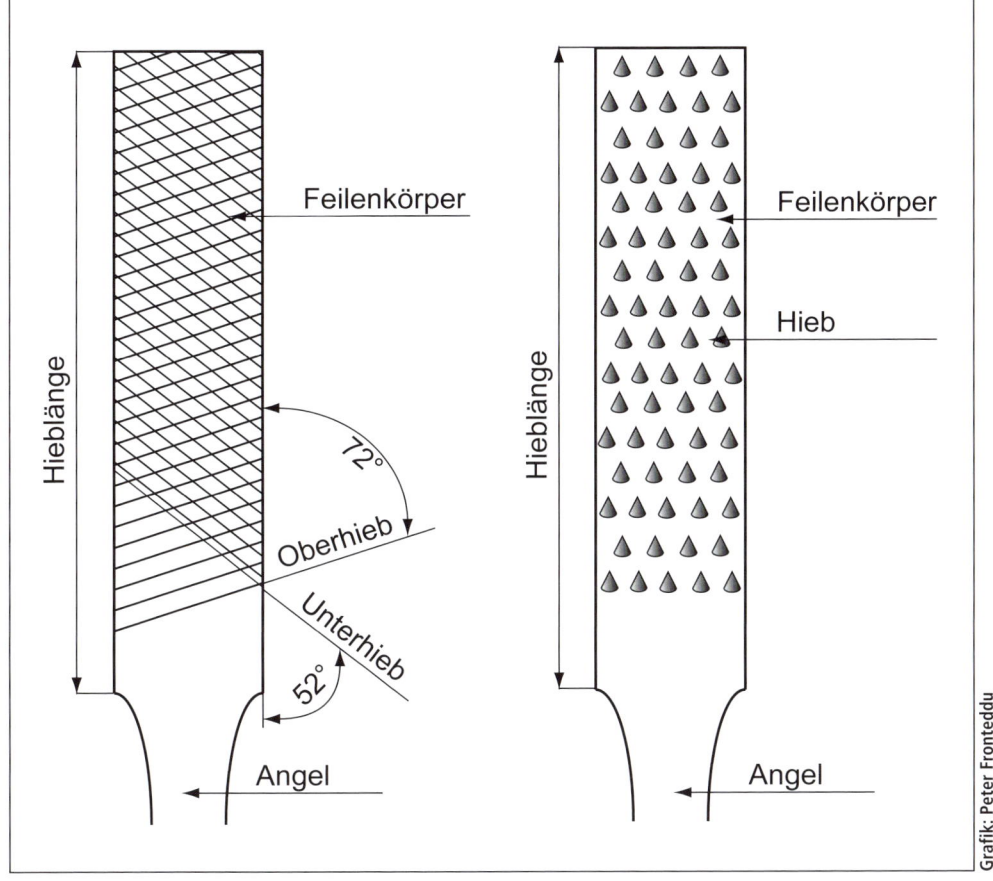

Grafik: Peter Fronteddu

Kapitel 2: Die Werkzeuge

Was nicht fehlen darf, ist ein ordentlicher Schraubstock. Hier sollten Sie lieber zu einer schwereren Ausführung greifen, denn es gibt nichts Schlimmeres als einen wackligen Schraubstock! Ein praktisches Hilfsmittel ist eine Halterung, in die Sie die Klinge bei der Arbeit einspannen und je nach Bedarf drehen können. So etwas kann man selber bauen oder fertig kaufen (siehe unten). Einen sehr professionellen Halter, den man in den Schraubstock spannen kann, bietet zum Beispiel Frank Wojtinowski (Tel. 08685-1789, www.frank-wojtinowski.com) an.

Ebenso wichtig ist eine große Auswahl von Schleifleinen und Schleifpapier. Im Grunde handelt es sich dabei um dasselbe, wobei die Schleifkörner auf unterschiedlichem Trägermaterial angeordnet sind. Vor allem gröbere Körnungen bekommt man in der Regel als Leinenmaterial, feine Körnungen zum Finish überwiegend auf Papierbasis. Schleifleinen ist robuster und hält daher

**Sehr flexibel und praktisch: Professionelle Messerhalterung von Frank Wojtinowski.
Sie lässt sich in den Schraubstock spannen und in alle Richtungen verdrehen.**

**Unersetzlich: Schleifleinen und Schleifpapier in verschiedenen Körnungen, dazu Holzleisten oder Schleifklötze als Hilfe, um eine ebene Oberfläche zu erhalten.**

länger. Für grobe Vorarbeiten beginnt man bei Körnung 120, dann geht es über 180, 240, 320 und 400 bis zu den feinen Körnungen 600 und 800. Für ein besonders feines Finish kann man zum 1200er greifen.

Bei der Arbeit mit Schleifpapier, aber auch mit der Feile, gilt: Immer in aufsteigenden Körnungen arbeiten, und immer kreuzweise schleifen. Die Schleifspuren der nächsthöheren Körnung sollen quer über die Spuren des vorangegangenen Arbeitsgangs laufen. So beseitigt man zuverlässig alle Riefen und verhindert, dass sich in der Oberfläche Wellen bilden. Man wechselt immer erst dann zur nächsten Körnung, wenn alle Spuren des vorhergehenden Schritts gründlich beseitigt sind.

Recht praktisch ist ein sogenannter Höhenreißer – eine Apparatur mit einer Reißnadel, deren Höhe man exakt einstellen kann. So kann man horizontale Risslinien wunderbar ausführen, zum Beispiel, um die spätere Schneide an der Messerklinge anzuzeichnen. Zur Not tut es aber auch ein Anreißzirkel,

Kapitel 2: Die Werkzeuge

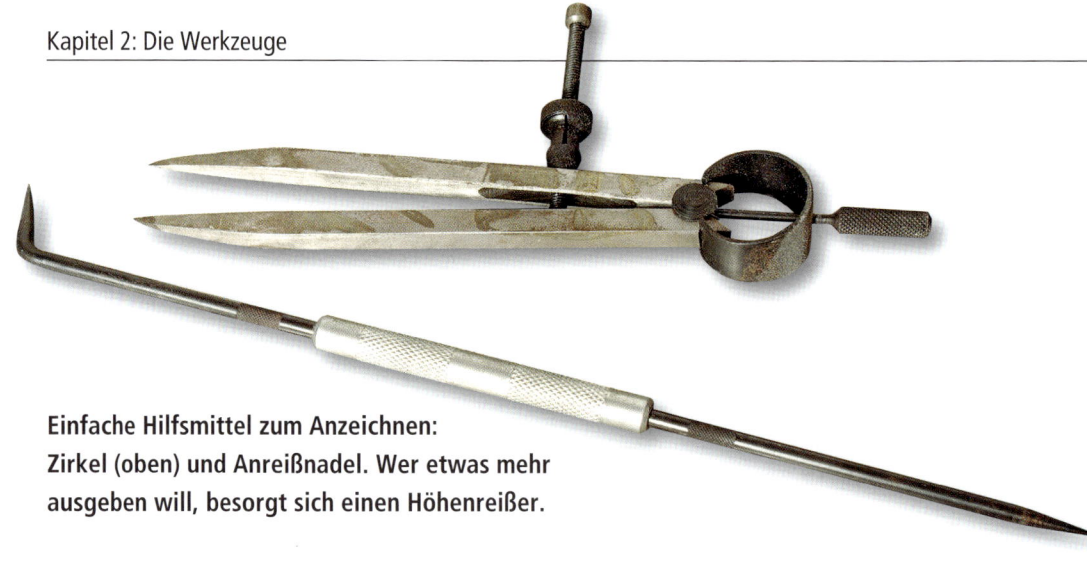

**Einfache Hilfsmittel zum Anzeichnen:**
**Zirkel (oben) und Anreißnadel. Wer etwas mehr**
**ausgeben will, besorgt sich einen Höhenreißer.**

mit dem Sie im sogenannten Umschlagsverfahren arbeiten: Man zeichnet die Linie doppelt an, je einmal von jeder Seite. So sieht man eventuelle Abweichungen von der Mitte und kann sie entsprechend korrigieren. Zum Anreißen sehr hilfreich ist Anreißlack, den Sie zuvor auftragen: So wird die angerissene Linie besser sichtbar.

Was Sie sonst noch benötigen, sollte sich in jeder Hobby-Werkstatt finden: verschiedene Bohrer für Metall und Holz, Metall- und Holzsäge, Filzstift, Bleistift, Hammer, Ahle, Körner und Zangen, dazu noch ein paar Gewindebohrer. Zum Ätzen der Klinge (wenn es sich um eine Damastklinge handelt) brauchen Sie ein passendes Gefäß und die nötige Säure (dazu mehr im Kapitel 5), zum Anfertigen der Lederscheide ein Ledermesser zum Schneiden und eine Ledernadel zum Nähen, außerdem einen Kantenzieher und eventuell ein Falzbein. Dazu mehr im Kapitel 7.

Zum abschließenden Schärfen der Klinge gibt es zahlreiche Möglichkeiten. Heinrich Schmidbauer arbeitet dabei mit einer Diamantfeile. Damit kann man relativ einfach die letzten Zehntel an der gehärteten Schneide abnehmen.

Zum Schluss noch ein Wort zum Thema Sicherheit: Wie bei jedem handwerklichen Hobby gibt es auch beim Messermachen gesundheitliche Risiken. Auch wenn Sie überwiegend mit Handwerkzeugen arbeiten und nicht mit Maschinen, können Sie sich böse verletzen. Lassen Sie also immer Sorgfalt walten, arbeiten Sie ruhig und konzentriert, und schützen Sie sich mit entsprechender Schutzkleidung. Das bedeutet vor allem: Tragen Sie immer dann eine Schutzbrille, wenn Sie bohren, maschinell schleifen, fräsen, schweißen und so weiter. Herumfliegende Teile können im wahrsten Sinne des Wortes ins Auge gehen!

Zudem bergen viele Materialien versteckte Gefahren: Der Schleifstaub von Hölzern, Knochen oder Elfenbein kann giftig sein, zudem setzt er sich möglicherweise in der Lunge oder den Bronchien fest. Schützen Sie sich davor, indem Sie beim Feilen und Schleifen eine Staubschutzmaske tragen.

Bei der Arbeit mit Lösungsmitteln, Klebstoffen und Säuren sollte Ihre Werkstatt gut belüftet sein. Wenn es möglich ist, dann verlegen Sie den Arbeitsplatz gleich ins Freie. Hier atmen Sie am wenigsten von den Ausdünstungen ein.

Lassen Sie sich von solchen Vorsichtsmaßnahmen nicht die Freude an der Arbeit nehmen. Es ist aber wichtig, sich über diese Dinge Gedanken zu machen und sich entsprechend zu verhalten. Schließlich soll das Messermachen ja Spaß machen und Sie als Hobby über viele Jahre begleiten.

## WERKZEUGLISTE

- Schraubstock (mit Filzbacken oder spezieller Klingenhalterung)
- Ständerbohrmaschine mit Maschinenschraubstock
- verschiedene Feilen
- versch. Schleifleinen Körnung 180-800
- Stahlbohrer
- Holzbohrer
- wasserfester Filzstift
- Bleistift
- Lineal
- Anreißlack
- Pinsel
- Höhenreißer
- Metallsäge
- Holzsäge fein
- Gewindebohrer M4 oder M5
- Körner
- Hammer
- Ahle
- Diamantfeile

# DIE MATERIALIEN

Beim Messermachen steht Ihnen eine riesige Auswahl von Materialien für die Klinge und den Griff zur Verfügung. Vor allem bei den Stahlsorten ist es schwierig, einen Überblick zu behalten und sich für einen Stahl zu entscheiden. Wir versuchen, das Durcheinander ein wenig zu ordnen.

## 3.1 Die Klingenstähle

Der Markt ist voll von Klingenstählen, die um die Gunst des Messermachers wetteifern. Die Auswahl des richtigen Stahls ist eine Wissenschaft für sich. Wer sich intensiv in dieses Thema einarbeiten will, dem sei das Standardwerk „Messerklingen und Stahl" von Roman Landes empfohlen.

Grundsätzlich gilt: Entscheidend für die Auswahl ist der spätere Verwendungszweck. Also: Welche Klinge soll aus dem Stahl entstehen, und was soll diese Klinge leisten? Für eine 25 Zentimeter lange Bowie-Klinge gelten andere Anforderungen als für ein Skalpell. Bei unserem Steckangelmesser geht es zunächst um die Frage, ob die Klinge „rostfrei" sein soll oder nicht.

Dazu ist zu sagen, dass es eine echte Rostfreiheit nur bei Edelstählen gibt (die nicht härtbar sind), nicht aber bei Stahlsorten, die sich für Messerklingen eignen. Ab einem Chromgehalt von 13 Prozent spricht man zwar von einem rostfreien Stahl, aber dabei handelt es sich genau genommen um einen rostträgen Stahl, der unter ungünstigen Bedingungen durchaus rosten kann.

Das Angebot an Klingenstählen kann man grob in fünf Kategorien einteilen:

- niedrig legierte Kohlenstoffstähle
- hoch legierte, rostfreie Stahlsorten
- hoch legierte, nicht rostfreie Werkzeugstähle
- pulvermetallurgisch erzeugte Stahlsorten
- Damaszenerstahl

Niedrig legierte Kohlenstoffstähle wie zum Beispiel C60, O-1 oder 52100 besitzen außer einem Kohlenstoffanteil (zwischen 0,4 und 1,5 Prozent) kaum weitere Legierungsbestandteile. Der Kohlenstoff ist das entscheidende Element eines Stahls: Er macht es möglich, einen Stahl zu härten.

Beim Härten (Erhitzen und Abschrecken des Stahls) entsteht ein verändertes Materialgefüge, das unter Spannung steht und damit dem Stahl seine Widerstandsfähigkeit gibt. Außerdem bilden sich dabei Karbide – winzige Kohlenstoff-Verbindungen, die extrem hart und praktisch unzerstörbar sind.

Kohlenstoffstähle werden in der Industrie zum Beispiel für Federn verwendet. Solche Stahlsorten sind nicht rostfrei, haben aber durchaus ihre Vorzüge: Sie besitzen ein feines Gefüge und bilden daher ebenso feine und scharfe Schneiden. Zudem sind Messerklingen aus Kohlenstoffstählen leicht nachzuschärfen und besitzen insgesamt eine hohe Elastizität. Nicht ohne Grund schwören viele Messerschmiede nach wie vor auf den guten alten „Carbon Steel".

Die Qual der Wahl: Das Angebot an Messerstählen ist riesig. Im Bild japanischer Suminagashi-Stahl mit 22 Lagen (oben) und Dreilagen-Material.

Foto: Dick – Feine Werkzeuge

Die meisten Messerklingen bestehen aus rostfreien, hochlegierten Stahlsorten wie 440C, ATS-34, AUS-8 oder 1.4112. Diese Stähle enthalten mindestens 13 Prozent Chrom, was für die Rostbeständigkeit sorgt. Dazu kommt ein Kohlenstoffgehalt, der in der Regel zwischen 0,4 und 1,5 Prozent liegt, und verschiedene andere Bestandteile wie Vanadium und Molybdän, manchmal auch Wolfram, Kobalt, Stickstoff oder Niob.

Die Rostbeständigkeit wird grundsätzlich mit einer etwas geringeren Elastizität erkauft. Zudem ist das Gefüge (und die Messerschneide) nicht ganz so fein, weil die zusätzlichen Legierungsbestandteile dazu neigen, größere Karbide zu bilden. Klingen aus rostbeständigen Stählen machen beim Nachschärfen tendenziell auch mehr Aufwand.

Hochlegierte Werkzeugstähle wie D2, M2 oder A2 besitzen einen exotischen Status unter den Klingenstählen, da sie zwar hoch legiert, aber nicht „rostfrei" sind, weil der Chromgehalt unter 13 Prozent liegt. Diese Stahlsorten sind in der Regel hinsichtlich ihrer mechanischen Eigenschaften optimiert, was sie für Messerklingen auch sehr interessant macht. Ihre Schnitthaltigkeit ist teilweise sehr hoch (das heißt, die Klinge bleibt im Gebrauch lange scharf), gleichzeitig ist die Widerstandsfähigkeit bei Biegebeanspruchung ebenfalls gut.

Pulvermetallurgisch erzeugte Stahlsorten wie RWL-34, CPM-S30V oder M390 haben in den letzten zehn Jahren einen Siegeszug in der Messerwelt angetreten. Diese Stähle werden nicht wie üblich erschmolzen. Statt dessen wird der flüssige Stahl zu einem feinen Pulver zerstäubt, dass dann anschließend unter großem Druck und Hitze zu einem festen Stahl „gebacken" wird. PM-Stähle können höhere Legierungsanteile enthalten als herkömmlicher Stahl (der nur etwa 1,5 Prozent Kohlenstoff aufnehmen kann). Außerdem ist das Gefüge feiner und homogener (die Karbide sind kleiner und besser verteilt) als bei einem normalen Stahl. Diese Kombination von Eigenschaften macht die modernen Highend-Klingenstähle zu Alleskönnern.

Damaszenerstahl besteht aus zahlreichen Lagen von zwei oder mehreren verschiedenen Stahlsorten, die im Schmiedefeuer verschweißt werden. Ursprünglich wurde dieses mehrere tausend Jahre alte Verfahren entwickelt, um die Eigenschaften verschiedener Stähle (Härte und Elastizität) in einem

Werkstück zu vereinen. Noch heute werden Damastklingen von mythischen Beschreibungen umrankt, die ihnen wundersame Fähigkeiten zuschreiben.

Heute verwendet man Damastklingen hauptsächlich wegen ihrer faszinierenden Optik. Die typische Struktur entsteht durch Ätzen: Dabei werden die unterschiedlichen Stahlsorten verschieden stark vom Ätzmedium (Säure) angegriffen, so dass eine unterschiedliche Färbung und bei längerer Anwendung ein reliefartiges Muster entsteht. Die Muster im Stahl entstehen durch Prägung und anschließendes Schleifen, aber auch durch Tordieren (Verdrehen) und andere Verfahren. Bei Mosaikdamast wird das Material aus zahlreichen Einzelteilen zusammengesetzt. Der Vielfalt der Muster und Materialkombinationen sind dabei kaum Grenzen gesetzt. Auch Damaststähle sind inzwischen in rostfreier Ausführung zu bekommen.

**Vielfalt ohne Grenzen: Mosaikdamast-Barren und ausgeschmiedeter Flachstahl (rechts) von Johannes Ebner. Das teuerste Ausgangsmaterial für eine Messerklinge.**

Ein Sonderfall ist der pulvermetallurgisch hergestellte Damaststahl der schwedischen Firma Damasteel: Hier werden Pulver verschiedener Stahlsorten (RWL-34 und PMC-27) übereinander geschichtet und gesintert („gebacken"). Das rostbeständige Material ist in verschiedenen Mustern erhältlich und sehr gut zu verarbeiten.

Eine Sonderstellung besitzen auch sogenannte Sandwich-Stähle, die aus mehreren Lagen bestehen. Dabei wird in der Regel eine harte Mittellage (für die Schneide) von weicheren Außenlagen eingefasst, die für Elastizität und oft auch Rostbeständigkeit sorgen. Ein solcher Aufbau ist vor allem in Japan häufig. Hier wird als Kern gern der „Blaue Papierstahl" (Aogami) verwendet, ein sehr reiner, wolframlegierter Kohlenstoffstahl des Herstellers Hitachi.

Für welchen Stahl man sich entscheidet, ist vor allem auch eine Frage des Geschmacks und des Preises. Für das allererste selbstgemachte Messer wird man kaum einen Mosaikdamast verwenden, bei dem der Rohling bereits 500 Euro kostet. Für den Anfang bieten sich relativ preiswerte Kohlenstoffstähle oder rostfreie Stahlsorten wie 440C oder N690 an. Damit macht man sicher keinen Fehler. Und wenn bei der Arbeit ein Malheur passiert und man das Werkstück ruiniert, hat man nicht gleich viel Geld aus dem Fenster geworfen.

Wir haben bei diesem Workshop ausschließlich mit Damasteel-Damast gearbeitet, dem bevorzugten Material von Heinrich Schmidbauer. Daher ist in diesem Band auch das Ätzen beschrieben. Was wir nicht selber durchgeführt haben, ist das Härten und Anlassen. Eine fachgerechte Wärmebehandlung verlangt bei modernen Stahlsorten einen gewissen technischen Aufwand. Ohne einen Härteofen, bei dem die Temperaturführung exakt gesteuert werden kann, ist das praktisch nicht möglich.

Daher haben wir diesen wichtigen Schritt einem Fachbetrieb überlassen. Die Lieferanten von Klingenstahl und Messermacher-Bedarf (Adressen im Anhang) können hier weiterhelfen und geeignete Härtereien nennen. Teilweise bieten sie – wie zum Beispiel Stefan Steigerwald – auch gleich einen entsprechenden Service an.

## WAS IST GUT FÜR WAS?
Die wichtigsten Legierungselemente im Stahl und ihre Wirkung

### Kohlenstoff (C)
Erhöht die Härte und Verschleißfestigkeit des Stahls, ist zur Karbidbildung unentbehrlich. Das wichtigste Legierungselement überhaupt.

### Chrom (Cr)
Bildet harte Karbide (hohe Verschleißfestigkeit und Abriebfestigkeit), sorgt füt Korrosionsbeständigkeit, ist wichtig für die Durchhärtung, macht Stahl anlassbeständig.

### Nickel (Ni)
Ist positiv für die Zähigkeit, bildet keine Karbide, sondern nur Mischkristalle. Zusammen mit Chrom der Korrosionsschützer.

### Molybdän (Mo)
Wirkt wie Chrom, jedoch intensiver, in Kombination mit Chrom ergibt sich eine höhere Warmhärte des Stahls. Molybdän bildet auch so genannte Sonderkarbide.

### Wolfram (W)
Bildet sehr harte, verschleißfeste Karbide, sorgt für eine hohe Warmfestigkeit des Stahls, kann Molybdän bis zu einem gewissen Grad ersetzen, die Wärmeleitfähigkeit wird erhöht (wichtig beim Härten).

### Vanadium (V)
Hat einen verfeinernden Einfluss auf die Kristalle (feine Gefügestruktur) und bildet ebenso wie Wolfram sehr harte, verschleißfeste Karbide, die für eine hohe Schnitthaltigkeit sorgen.

### Titan (Ti)
Bildet das härteste aller Metallkarbide (erreicht fast die Härte von Diamant), schafft dadurch eine enorme Steigerung der Schnitt- oder Schneidhaltigkeit.

### Mangan (Mn)
Erleichtert das Gießen, Schmieden und Walzen der Stähle, verbessert die Durchhärtung, erhöht die Zähigkeit.

### Kobalt (Co)
Bildet keine Karbide, sondern nur Mischkristalle, verbessert die Warmfestigkeit, hemmt das Kornwachstum (feines Gefüge).

### Silizium (Si)
Hat einen günstigen Einfluss auf die Elastizität (deshalb Legierungselement von Federstählen).

### Stickstoff (H)
Verbessert die Korrosionsbeständigkeit von Stählen.

### Phosphor (P)
Unerwünscht, da eine versprödende Wirkung auftritt.

### Schwefel (S)
Wie Phosphor unerwünscht, wird aber in geringen Mengen den so genannten Automatenstählen zugemischt, um eine bessere Zerspanbarkeit zu ermöglichen.

## 3.2 Das Griffmaterial

Bei einem Steckangelmesser bieten sich im Grunde nur natürliche Griffmaterialien an. Der große Klassiker ist Hirschhorn, aber die Auswahl reicht von Antilopenhorn über sündhaft teuren Narwalzahn bis zu Oosik – fossilem Walross-Penisknochen. Wichtig bei Knochen- und Hornmaterialien ist eine ausreichende Dichte im Inneren des Stücks. Hier muss die Angel fest sitzen. Bei einigen Materialien (zum Beispiel Elfenbein oder Schildpatt) stehen die tierischen Lieferanten unter Artenschutz. In solchen Fällen benötigt man vom Verkäufer ein sogenanntes CITES-Zertifikat. Ohne ein solches Herkunftszeugnis läuft man Gefahr, sich größten Ärger einzuhandeln!

Dazu kommt natürlich eine riesige Auswahl von Hölzern. Sie beginnt bei heimischen Obstgehölzen und endet bei afrikanischem Ebenholz und amerikanischem Wüsteneisenholz. Sehr praktisch sind stabilisierte Hölzer, die mit Kunstharz behandelt und dadurch wasserfest und dauerhaft beständig gemacht wurden. Sie schrumpfen auch nicht mehr. Das gleiche Verfahren findet auch bei Knochen Anwendung. So ist zum Beispiel stabilisierter Giraffenknochen (aus dem Schienbein) erhältlich – ein schönes, dichtes Material mit glatter Oberfläche.

**Rissfreies Griffmaterial: Stabilisierte Hölzer werden durch Kunstharz haltbar und unempfindlich gemacht. Gleichzeitig kann man die Farbe nach Wunsch steuern.**
Foto: www.novacula.de

Eine typisch skandinavische Variante ist der Griff aus Lederscheiben. Sie werden auf die Angel gesteckt und am Ende mit einer Verschraubung oder Vernietung verpresst. Die Scheiben dazu kann man aus kräftigem Leder stanzen. Der Griff wird erst nach dem Zusammenbau in Form geschliffen.

Sehr edel sind Kombinationen von verschiedenen Griffmaterialien. So kann man Horn, Knochen, Holz und Leder an einem einzigen Messer zusammenbringen, getrennt durch dünne Lagen von Vulkanfiber oder Neusilber. Letzteres ist ein sehr beliebtes Material für die Monturen am Griff: Parierelement beziehungsweise Zwinge und Knauf respektive Abschlusskappe. Als Alternative wird oft Messing verwendet, man kann aber auch Aluminium nehmen, ebenso auch Titan oder Edelstahl. Hier kann man der Kreativität freien Lauf lassen. Man sollte allerdings bedenken, dass der Griff im Kontakt mit der Hand steht. Rostende und abfärbende Metalle sollte man daher vermeiden.

Beispiele für schöne Griffmaterialkombinationen der Firmen Helle, Norwegen, und Herbertz, Solingen:

Aluminium / Cocobolo

Birke / Palisander

Birke / Leder / Nussbaum

Birke / Leder / Rentierhorn

Fotos: Herbertz

# DIE KLINGE

Das Ausgangsmaterial für unsere Klinge ist ein drei Millimeter starkes Stück Flachstahl. Daraus schneiden wir zunächst ein Stück in der richtigen Länge ab. Wichtig ist, dass man für die Angel mindestens zwei Drittel der Klingenlänge rechnet, damit die Angel später weit genug in den Griff reicht, um eine stabile Verbindung zu erzeugen. Unsere Klinge soll recht kurz werden, und so schneiden wir ein 18 Zentimeter langes Stück ab. Davon werden zehn Zentimeter für die Klinge, acht Zentimeter für die Angel gerechnet.

Die richtige Länge: Mindestens zwei Drittel der Klingenlänge sollte man für den Erl rechnen, damit er weit genug in den Griff hinein reicht.

Anzeichnen mit wasserfestem Stift: Unser Werkstück wird 18 Zentimeter lang, wobei rund acht Zentimeter auf den Erl entfallen.

Kapitel 4: Die Klinge

Schutzwirkung: Zwischen Werkstück und Schraubstock-Backen legen wir Filzstreifen, um Beschädigungen zu vermeiden.

Absägen: Mit der Metallsäge wird das Werkstück entlang der angezeichneten Linie abgetrennt. Mit einer Bandsäge (wenn vorhanden) geht es schneller.

Übergang: Dort wo später Klinge und Griff aneinander stoßen, zeichnen wir eine Linie an. Die Klingenlänge wird dadurch definiert.

## Kapitel 4: Die Klinge

Nun zeichnen wir auf dem Werkstück mit einem wasserfesten Filzstift die Form der späteren Klinge samt Angel auf.

Man kann auch zunächst eine Zeichnung auf Papier machen und diese dann auf eine Pappschablone übertragen, die als Hilfe zum Anzeichnen dient. Die Rundungen sollte man auf jeden Fall nicht frei Hand zeichnen, sondern mit einer Hilfe. Das kann ein professionelles Kurvenlineal sein, aber auch jeder andere passende Gegenstand, der die richtige Krümmung und eine geeignete Kante hat, wie zum Beispiel ein Becher oder ein Teller. Die Angel sollte idealerweise leicht konisch zulaufen, damit der Griff später sicher sitzt.

**Hilfswerkzeug:** Zum Zeichnen der Rundungen kann man alles verwenden, was eine passende Krümmung und eine geeignete Kante besitzt.

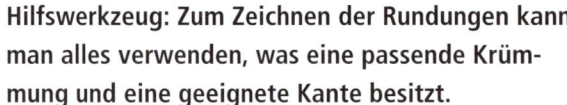

**Fertige Zeichnung:** Auf unserem Werkstück sind hier die Konturen von Klinge und Erl eingezeichnet.

Zum Ausschneiden der Klinge bohren wir zunächst mit der Ständerbohrmaschine entlang der angezeichneten Linie eine Reihe von kleinen Löchern (2,0 mm) in engem Abstand. Das Werkstück wird dazu am besten in einen Maschinenschraubstock eingespannt.

**Vorbohren:** Außen an der Linie entlang setzen wir mit der Ständerbohrmaschine und einem Zwei-Millimeter-Bohrer Löcher in engem Abstand.

**Lochmuster:** So sieht das Werkstück aus, nachdem rundum die Löcher gebohrt worden sind.

Kapitel 4: Die Klinge

Nachdem die gesamte Form ausgebohrt ist, spannen wir das Werkstück in den normalen Schraubstock und sägen die Form mit der Metallsäge aus. Sollte zufällig eine Bandsäge in der Werkstatt stehen, geht es damit natürlich schneller.

Form aussägen: Mit der Metallsäge werden die Bohrlöcher zu einer durchgehenden Kante verbunden.

Grobe Kontur: Nach dem Aussägen ist die spätere Außenform bereits im wesentlichen hergestellt. Nun geht es an die Feinarbeit.

Kapitel 4: Die Klinge

Um die Konturen der Klinge zu glätten, arbeiten wir die Kanten mit einer groben Metallfeile nach. Dabei feilen wir bis auf die angezeichnete Linie herunter. Für die letzten Zehntel sollte man eine feinere Feile benutzen, um nicht versehentlich zu viel abzunehmen.

**Kanten glatt feilen:** Mit der groben Metallfeile wird die Außenkontur des Werkstücks geglättet. Einige Zehntel außerhalb der angezeichneten Linie sollten stehen bleiben.

**Exakte Formgebung:** Mit einer feineren Feile werden die letzten Zehntel abgenommen, bis die gewünschte Kontur erreicht ist.

**Zwischenstufe:** Hier ist die Klingenkontur bereits bearbeitet, der Erl wartet noch auf die Feile.

Kapitel 4: Die Klinge

Wie gehabt: Auch der Erl wird zunächst mit der groben Feile geglättet, dann folgt die Feinbearbeitung.

Kaum sichtbar: Der Erl sollte ganz leicht konisch sein, damit ein wackelfreier Sitz im Griff gesichert ist.

Nun kommt der schwierige Teil: Wir geben der Klinge ihre Keilform. Unsere Klinge bekommt natürlich einen Flachschliff – ein Hohlschliff ist per Feile nicht herzustellen. Zunächst zeichnen wir das Ricasso auf beiden Seiten der Klinge auf. Der Übergang zwischen dem keilförmig angeschliffenen Bereich und dem flachen Klingenspiegel kann gerade oder schräg verlaufen. Wir zeichnen die Linie schräg an (was in der Regel schöner ist). Zum Anzeichnen der späteren Schneidkante exakt in der Mitte eignet sich am besten ein Höhenreißer, der ab etwa 70 Euro zu haben ist. Alternativ reißt man im sogenannten Umschlagsverfahren von beiden Seiten an. Eventuelle Abweichungen sieht man dann.

**Eine Frage der Optik: Den Übergang vom keilförmig geschliffenen zum flachen Bereich der Klinge zeichnen wir auf beiden Seiten schräg an, er könnte aber auch gerade sein.**

Kapitel 4: Die Klinge

Vor dem Anreißen tragen wir mit dem Pinsel auf die schmale Fläche einen schnelltrocknenden, dunkelblauen Anreißlack auf. Die Nadel des Anreißwerkzeugs hinterlässt in ihm eine klar sichtbare, saubere Linie.

Wertvolle Hilfe: Vor dem Anreißen der späteren Schneide wird Anreißlack auf die Kante aufgetragen.

**Präzise Arbeit:** Mit einem professionellen Höhenreißer wird exakt die Mitte der Kante angerissen. Die Linie erscheint deutlich sichtbar im blauen Anreißlack.

Dann geht es los: Wir spannen die Klinge an der Angel in den Schraubstock und beginnen, per Feile die Keilform auszuarbeiten. Dabei starten wir zwei Millimeter entfernt vom Ricasso und arbeiten uns ausgehend von der unteren Kante (der späteren Schneide) langsam zum Klingenrücken. Direkt am Ricasso darf man nicht ganz bis zum Klingenrücken oder darüber hinaus feilen, sonst bekommt man später keinen richtigen Übergang hin.

**Startpunkt:** Wir beginnen knapp vor dem angezeichneten Ricasso, den Keil mit der Feile auszuarbeiten.

**Erste Spuren:** Der gefeilte Anschliff des Keils beginnt unmittelbar vor der angezeichneten Linie.

Kapitel 4: Die Klinge

Nachdem die ganze Klingenlänge bis zur Spitze gleichmäßig bearbeitet wurde, nehmen wir eine feinere Feile und beseitigen damit die groben Feilspuren. Auch die Linie am Ricasso wird mit der feineren Feile sauber nachgearbeitet.

**Gleichmäßigkeit ist Trumpf: Langsam arbeiten wir uns zur Spitze vor, am Ende mit einer feineren Feile.**

**Kritischer Punkt: Der Übergang vom Ricasso zum Klingenrücken wird schräg gefeilt.**

Kapitel 4: Die Klinge

**Zielkurve: Der Übergang vom Ricasso zum angeschliffenen Teil der Klinge sollte optisch rund verlaufen. Dazu wird vorsichtig Material abgenommen.**

Zum Schluss wird der Übergang vom Ricasso zum gefeilten Bereich (oben am Klingenrücken) rund ausgearbeitet. Dazu nimmt man mit der Feile in schräger Feilrichtung vorsichtig Material weg, um einen weichen Übergang zu erzeugen. Das ist der schwierigste Teil des ganzen Vorgangs. Man braucht dazu ein wenig Gefühl. Anschließend wird die Klinge umgedreht und das Ganze auf der anderen Seite wiederholt. An der späteren Schneide lassen wir etwa einen Millimeter Materialstärke stehen. Erst nach dem Härten der Klinge wird die Schneide angebracht.

Die Arbeit mit der Feile ist mühsam und setzt auch ein gewisses Können voraus. Absoluten Anfängern ist zu empfehlen, sich nicht gleich an einen teuren Stahl und eine Messerklinge zu wagen, sondern zunächst mit einem preiswerten Werkstück ein wenig zu üben, um ein Gefühl für die Feile zu bekommen und zu lernen, gerade Flächen zu erzeugen. Gerade Anfänger neigen dazu, die Feile bei der Arbeit unabsichtlich hin und her zu kippen, so dass die Fläche nicht flach, sondern abgerundet wird.

Das mühsame Feilen kann man sich ersparen, indem man sich einen Bandschleifer anschafft. Das ist allerdings eine größere Investition, die auch einen gewissen Platzbedarf in der Werkstatt erfordert. Die Arbeit am Bandschleifer braucht viel Können und ist auch nicht ganz ungefährlich. Auf jeden Fall empfiehlt es sich, nicht gleich mit dem Bandschleifer anzufangen, sondern zunächst mit der Feile zu arbeiten, um ein Gefühl für die Materie zu bekommen. Viele Messermacher bleiben auch langfristig bei der Feile, um authentische „handgemachte" Messer zu fertigen.

Nach dem Feilen folgt die Nachbearbeitung mit Schleifleinen oder -papier. Wir reißen einen etwa zehn Millimeter breiten Streifen ab, legen ihn um eine Feile und beginnen in Längsrichtung zu schleifen. Wir starten mit Körnung 180 und arbeiten uns in mehreren Schritten bis auf 800 hoch. Dabei wird erst dann auf eine nächsthöhere Körnung gewechselt, wenn die Oberfläche der Klinge perfekt erscheint.

Bei jedem weiteren Schritt wechseln wir die Bearbeitungsrichtung: quer mit Körnung 240, wieder längs mit 400, quer mit 600, zum Schluss längs mit 800. Mit diesem Kreuzschliff sind die Bearbeitungsspuren des letzten Durchgangs am besten zu beseitigen. Die mühevolle Arbeit mit dem Schleifpapier ist entscheidend für die Qualität der Klinge. Hier darf man nicht zu früh aufhören.

Unsere Klinge ist nun fertig zum Härten. Wir überlassen die Wärmebehandlung einem Fachbetrieb und machen anschließend weiter.

Kapitel 4: Die Klinge

Feinarbeit: Zum Feinschleifen der Klinge legen wir einen Streifen Schleifleinen um eine Feile. Als Unterlage für die Klinge (um nicht an der Spitze hängenzubleiben) verwenden wir ein Stück Holz.

Mühsam: Per Hand wird die Klinge mit ansteigender Körnungszahl in wechselnder Richtung (längs/quer) geschliffen (am Ende immer längs).

Kleiner Trick: Wenn die Klinge so eingespannt wird, dass die Spitze gerade verschwindet, kann man problemlos über den Rücken schleifen.

Kapitel 4: Die Klinge

Sauberes Finish: Auch der Klingenrücken wird mit immer feiner werdendem Schleifleinen und Schleifpapier (bis 800) bearbeitet.

Vorläufig fertig: Die Klinge ist jetzt bereit zum Härten und Ätzen. Sie wird später noch eine Gewindestange bekommen.

Kapitel 5: Ätzen und Finish der Klinge

# ÄTZEN UND FINISH DER KLINGE

Unsere Klinge aus rostfreiem Damasteel-Damast haben wir auf 59 Grad Rockwell C härten lassen. Nachdem die Klinge vom Härten zurückkommt, prüfen wir zunächst einmal, ob ein so genannter Härteverzug aufgetreten ist. Es kann passieren, dass sich eine Klinge durch die Wärmebehandlung verzieht. Bei Damasteel ist das zum Glück sehr selten der Fall, und auch unsere Klinge kam gerade wie eine Eins zurück. Schiefe Klingen müssen vor der weiteren Bearbeitung vorsichtig gerade gerichtet werden.

Um das schöne Wellenmuster unseres Damaststahls sichtbar zu machen, muss die Klinge geätzt werden. Dabei wird sie einer Säure ausgesetzt, die die weicheren Anteile des Stahls stärker angreift als die härteren. So wird das Muster an der Oberfläche herausgearbeitet.

**Ausgangspunkt: So kommt unsere Damasteel-Klinge aus der Härterei. Vom Damastmuster sieht man noch kaum etwas.**

Kapitel 5: Ätzen und Finish der Klinge

**Utensilien für das Ätzen: Wasserkocher, Kunststoffeimer, Glasgefäß und 37-prozentige Schwefelsäure (Batteriesäure). Alles muss deutlich gekennzeichnet sein!**

Wir verwenden eine 37-prozentige Schwefelsäure. Man kann auch Eisen(II)-Chlorid (FeCl3) nehmen, das weniger aggressiv ist. Dementsprechend länger werden die Ätzzeiten, der Vorgang wird dadurch auch besser kontrollierbar. Bei frischer Schwefesäure genügen meist schon ein bis zwei Minuten, bei Eisen(III)-Chlorid kann die nötige Zeit zwischen fünf und 45 Minuten betragen, je nach Stahlsorte und gewünschter Ätztiefe.

Wir geben etwa 0,25 bis 0,5 Liter der Schwefelsäure in ein geeignetes Glas-Gefäß und erhitzen es vorsichtig in einem warmen Wasserbad auf etwa 50 Grad Celsius. In erwärmtem Zustand „arbeitet" die Säure noch besser. Die Menge ist abhängig von der Gefäßgröße. Es sollte etwa zu einem Drittel gefüllt sein. Die Säure ist mehrfach verwendbar und kann nach der Anwendung wieder in die Flasche zurückgefüllt werden (mit Trichter und Gummihandschuhen!).

Kapitel 5: Ätzen und Finish der Klinge

Wasserbad wird vorbereitet: Wir geben das erwärmte Wasser in den Eimer.

Die Säure wird in das Glasgefäß gefüllt: In unserem Fall wurde sie schon öfter verwendet, was man an der Farbe sieht.

Aufwärmen: Das Glasgefäß wird ins Wasserbad gestellt, um die Säure auf rund 50 Grad zu erwärmen.

Achtung: Das Ätzen muss unbedingt im Freien durchgeführt werden, weil die Säure wirklich „ätzende" Dämpfe produziert, die man auf keinen Fall einatmen sollte! Auch in gut gelüfteten Räumen drohen gesundheitliche Gefahren!

Die erwärmte Säure darf leicht dampfen, aber auf keinen Fall kochen. Wenn sie die richtige Temperatur hat, legen Sie vorsichtig die Klinge hinein. Dabei sollte man sehr umsichtig vorgehen, um Spritzer zu vermeiden. Da man jeden Hautkontakt mit der Säure ausschließen sollte, empfiehlt es sich, eine Zange zu benutzen. Eventuell kann man einen Draht an der Klinge befestigen oder einen Halte-Magneten verwenden.

Die Ätzzeit ist abhängig von der gewünschten Ätztiefe, dem verwendeten Stahl und von Zustand und Temperatur der Säure. Zwischendurch nimmt man die Klinge immer wieder heraus und kontrolliert den Stand. Wenn man sie zu lange im Säurebad lässt, wird der Stahl zu stark angegriffen und beginnt, an den Rändern „auszufransen", vor allem im Bereich der Schneide, wo das Material nur eine Stärke von 0,5 bis 1,0 Millimetern aufweist.

**Tauchbad: Die Klinge wird per Zange vorsichtig in die Säure gelegt, ohne Spritzer zu erzeugen. Die Säure soll leicht dampfen, darf aber nicht kochen. Wenn Sie schäumt, muss die Hitze reduziert werden.**

Kapitel 5: Ätzen und Finish der Klinge

Wie stark man die Klinge ätzt, ist nicht zuletzt eine Frage des persönlichen Geschmacks. Wenn die gewünschte Ätztiefe erreicht ist, wird die Klinge im Wasserbad gründlich abgespült und anschließend abgetrocknet. Sie zeigt jetzt einen gleichmäßigen Grauton, in dem die Struktur des Stahls deutlich zu erkennen ist.

**Kontrolle:** Die Klinge wird mehrfach aus dem Topf genommen und der aktuelle Stand geprüft.

**Klarspülen:** Nach dem gründlichen Abspülen in klarem Wasser ist das Ätzmuster schön zu erkennen. Je länger die Klinge in der Säure bleibt, desto tiefer wird die Ätzung. Wer den richtigen Zeitpunkt übersieht, riskiert, dass die Klinge an den Rändern „ausfranst" und die Oberfläche beschädigt wird.

Kapitel 5: Ätzen und Finish der Klinge

**Grau ind Grau: Vor dem Schleifen ist die Oberfläche gleichmäßig grau gefärbt, erst durch das Finish entsteht der schöne Kontrast.**

Nun folgt der Schliff: Mit einem Schleifpapier der Körnung 800 bis 1200 wird die Oberfläche der Klinge abgeschliffen. Wir verwenden als Schleifhilfe ein Vierkantholz, über das ein Streifen Schleifpapier gespannt wird. Das sorgt einerseits für eine gerade Auflagefläche, andererseits verhindert es Verletzungen: Wer per Hand ohne Hilfe schleift, riskiert es, mit der Klingenspitze durch das Schleifpapier direkt in den Finger zu stoßen.

Durch den Schliff wird der obere, härtere Teil der Klingenstruktur, der beim Ätzen weniger stark angegriffen wurde, geglättet und poliert. Die tiefer liegenden, weicheren Schichten behalten dagegen ihren dunkleren Farbton. So wird das Damastmuster optisch herausgearbeitet. Wenn man nur eine geringe Ätztiefe erzeugt hat, sollte man beim Schleifen aufpassen, dass man nicht zu viel Material abträgt – sonst ist das schöne Muster gleich wieder dahin.

Kapitel 5: Ätzen und Finish der Klinge

Finish: Die obere (harte) Schicht wird mit Schleifpapier und einer Schleifhilfe blank geschliffen.

Quer: Auch die Angel und das Ricasso werden poliert (und zwar ohne die kritische Kante am Übergang zum geschliffenen Bereich abzutragen!).

Unser alter Trick: Zum Bearbeiten des Rückens wird die Klinge so eingespannt, dass die Spitze gerade zwischen den Backen verschwindet.

Kapitel 5: Ätzen und Finish der Klinge

Rundum überarbeiten: Auch der Klingenrücken wird leicht angeschliffen, um die Damaststruktur sichtbar herauszuarbeiten.

Starke Optik: Wir haben die Klinge für die Fotos besonders kräftig geätzt. So entsteht auch am Klingenrücken ein ausgeprägtes, reliefartiges Muster.

## Kapitel 5: Ätzen und Finish der Klinge

Nun fehlt an unserer Klinge nur noch eines: die Schärfe. Wir haben an der „Wate", der späteren Schneide, eine Stärke von knapp einem Millimeter stehen lassen. Nun rücken wir dem Material mit der Diamantfeile zu Leibe. Vorher wickeln wir einige Lagen Klebeband um die Angel, um einen besseren Halt zu haben. Man kann natürlich auch zuerst den Griff anfertigen und montieren, und dann ganz zum Schluss die Klinge schärfen. Das verringert auch die Verletzungsgefahr bei den weiteren Arbeitsgängen. Wenn man die Schneide jetzt schon schärft, muss man die Klinge anschließend wieder mit Klebeband abkleben, um nicht Gefahr zu laufen, in die scharfe Schneide zu rutschen.

Mit ein wenig Übung kann man das Schärfen mit der Diamantfeile aus der freien Hand vornehmen. Man setzt die Feile in einem Winkel zwischen 15 und 30 Grad an und zieht sie gleichmäßig über die Kante. Abwechselnd werden so beide Seiten bis auf 0,0 mm geschliffen, man wechselt jeweils auf die andere Seite, wenn dort ein Grat fühlbar ist.

**Fertig für den letzten Schliff:** Nachdem das schöne Ätzmuster herausgearbeitet wurde, wickeln wir Klebeband um die Angel, um einen besseren Griff zu haben.

Der Winkel hängt von der späteren Verwendung des Messers und vom Können des Benutzers ab: Je flacher der Winkel, desto schärfer die Schneide. Allerdings wird sie mit kleiner werdendem Winkel auch immer empfindlicher. Wer auf Nummer sicher gehen will, wählt den Winkel etwas größer, wer auf Schärfe setzt, macht ihn kleiner. Welchen Winkel man auch wählt, immer gilt: Wichtig ist, dass er möglichst konstant eingehalten wird. Wer hier unsicher ist, kann auf Schleifgeräte zurückgreifen, die den Winkel fest vorgeben, aber mehr Spaß macht es aus der freien Hand.

**Frei Hand: Per Diamantfeile wird die Schneide abwechselnd auf beiden Seiten gleichmäßig geschärft.**

**Tipp: Man kann einfach die Klinge umdrehen, da die Feile in beiden Richtungen arbeitet.**

## Kapitel 5: Ätzen und Finish der Klinge

Anschließend wird die Schneide mit einem feinen Naturstein abgezogen. Er glättet die Schneide und sorgt für eine feine Schärfe. Die abschließende Politur auf der Schwabbelscheibe macht die Sache perfekt. Aber Achtung: Das Abziehen der Schneide an der Schwabbelscheibe (wir haben dazu eine Handbohrmaschine in einen Halter gespannt) ist potenziell gefährlich! So lange die Drehrichtung der Scheibe von der Schneide weg zeigt, besteht keine Gefahr, doch wenn man nicht aufpasst und die Scheibe gegen die Schneide läuft, besteht das große Risiko, dass sich die Schneide „fängt" und unkontrollierbar mitgerissen wird.

Feine Schärfe: Um die Schneide abschließend zu glätten, wird sie mit einem feinen Naturstein abgezogen.

Politur: Das Nachpolieren auf der Schwabbelscheibe bringt eine noch feinere Oberfläche auf die Schneidkante und sorgt für maximale Schärfe und Schneideigenschaften.

Vorsicht: Die Schwabbelscheibe darf niemals gegen die Schneide laufen, weil sie sich sonst verfangen und schlimme Verletzungen verursachen kann!

Kapitel 5: Ätzen und Finish der Klinge

Nun ist unsere Klinge fertig geschliffen, gehärtet, geätzt, gefinisht und geschärft. Jetzt kann der Griff montiert werden.

**Unser Werk im Zwischenstadium: Die Steckangel-Klinge ist komplett fertig.
Jetzt kann der Griff montiert werden.**

Kapitel 6: Der Griff

# DER GRIFF

Auf ein Messer mit flacher Angel rechts und links je eine Griffschale zu montieren, ist relativ einfach. Bei einem Steckangel-Messer einen einteiligen Griff passgenau und dauerhaft mit der Klinge zu verbinden, erfordert schon mehr Aufwand und Können.

Die einfache Steckangel-Lösung sieht so aus, dass der Griff – nachdem die Bohrung darin an die Angel angepasst wurde – einfach auf die Angel geklebt wird. Bei fachgerechter Ausführung hält das problemlos. Wer auf Nummer sicher gehen will, kann die Verbindung zusätzlich mit einem Niet oder einer Verschraubung sichern. Letztere ist die aufwändigste Lösung – und für genau die haben wir uns entschieden.

Wir beginnen damit, dass wir an die Angel eine Gewindestange (Gewinde M4) aus rostfreiem Stahl anschweißen. Man kann theoretisch auch direkt auf

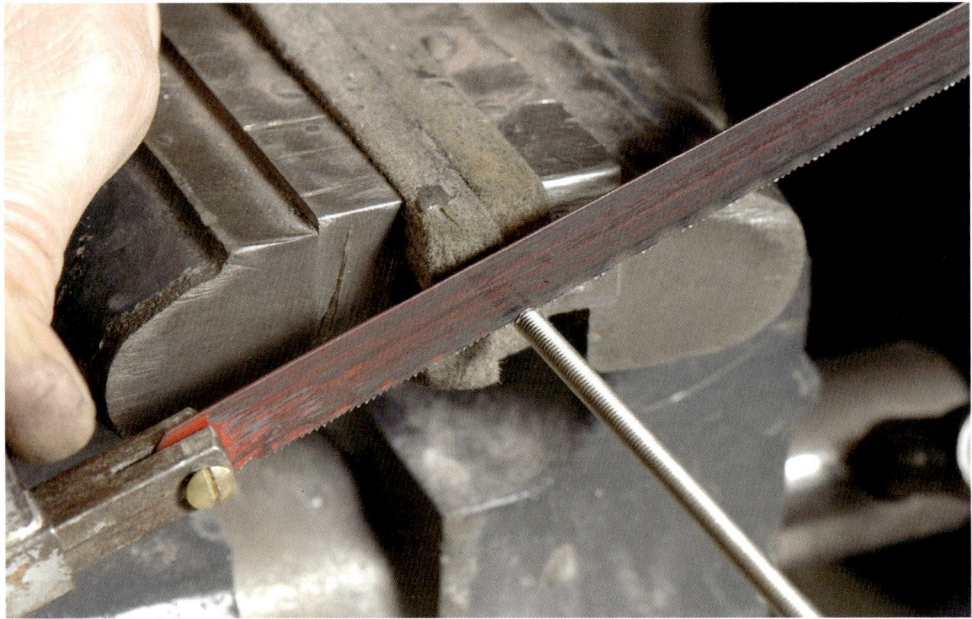

**Vorbereitung:** Von einer langen Gewindestange (in unserem Fall mit M4-Gewinde, bei größeren Messern geht auch M5) wird ein passendes Stück abgesägt.

Kapitel 6: Der Griff

**Verlängerung: Die Gewindestange wird an die Angel geschweißt. Sie sorgt später für eine feste Schraubverbindung zum Griff.**

die Angel (sofern sie lang genug ist) ein Gewinde schneiden, aber das ist alles andere als einfach, weil unsere Angel ja eine Vierkantform hat. Wer selbst kein Schweißgerät hat oder schweißtechnisch nicht auf rostfreien Stahl eingerichtet ist, kann das für ein paar Euro von einem Fachmann übernehmen lassen. Wichtig ist, dass man so viel wie möglich von der Angel stehen lässt, um später eine maximale Stabilität des Messers zu erreichen.

Als Materialien verwenden wir Oosik für den Griff und rostfreien Damasteel-Stahl für den vorderen Griffabschluss und die Endkappe. Auf die im folgenden beschriebenen Arbeitsschritte hat die Materialwahl keinen Einfluss. Allerdings sollte die Materialstärke für die Endkappe nicht zu knapp bemessen sein, denn hier müssen wir später ein Sackloch mit Gewinde anbringen. Vier Millimeter sollten das Minimum sein.

Kapitel 6: Der Griff

Ausgangsmaterial: Eine fertig geschliffene und gehärtete Klinge (mit aufgeschweißter Gewindestange), ein Stück Oosik und Flachstahl für die Monturen.

Die Längen für das vordere und hintere Abschlussstück werden großzügig geschätzt und zwei entsprechende Stücke aus dem Flachmaterial gesägt. Am vorderen Element zeichnen wir mittig die Breite der Angel an und bohren das Langloch dafür. Unsere Klinge ist 3,2 Millimeter stark. Wir nehmen deshalb einen 2,5-mm-Bohrer und setzen damit eine Reihe von Löchern hintereinander. So spart man sich die Fräse. Anschließend wird das Langloch mit einer kleinen flachen Feile ausgearbeitet und geglättet.

Zwischendrin muss das vordere Abschlussstück immer wieder auf die Angel gesteckt und die Passgenauigkeit überprüft werden. Nur so kann eine saubere, spaltfreie Passung sichergestellt werden. Achtung: Hier machen oft schon wenige Züge mit der Feile den entscheidenden Unterschied!

Nun kümmern wir uns um das Griffstück. Es wird zunächst auf die gewünschte Länge gekürzt und eventuell grob in Form gefeilt. Dann wird das Loch für die Bohrung angezeichnet. Es muss nicht unbedingt exakt in der Mitte liegen! Wenn man das Griffstück so an die Klinge hält, wie es später sitzen soll, kann man die Position der Angel am Griffstück seitlich anzeichnen und dann auf die Stirnseite übertragen.

Kapitel 6: Der Griff

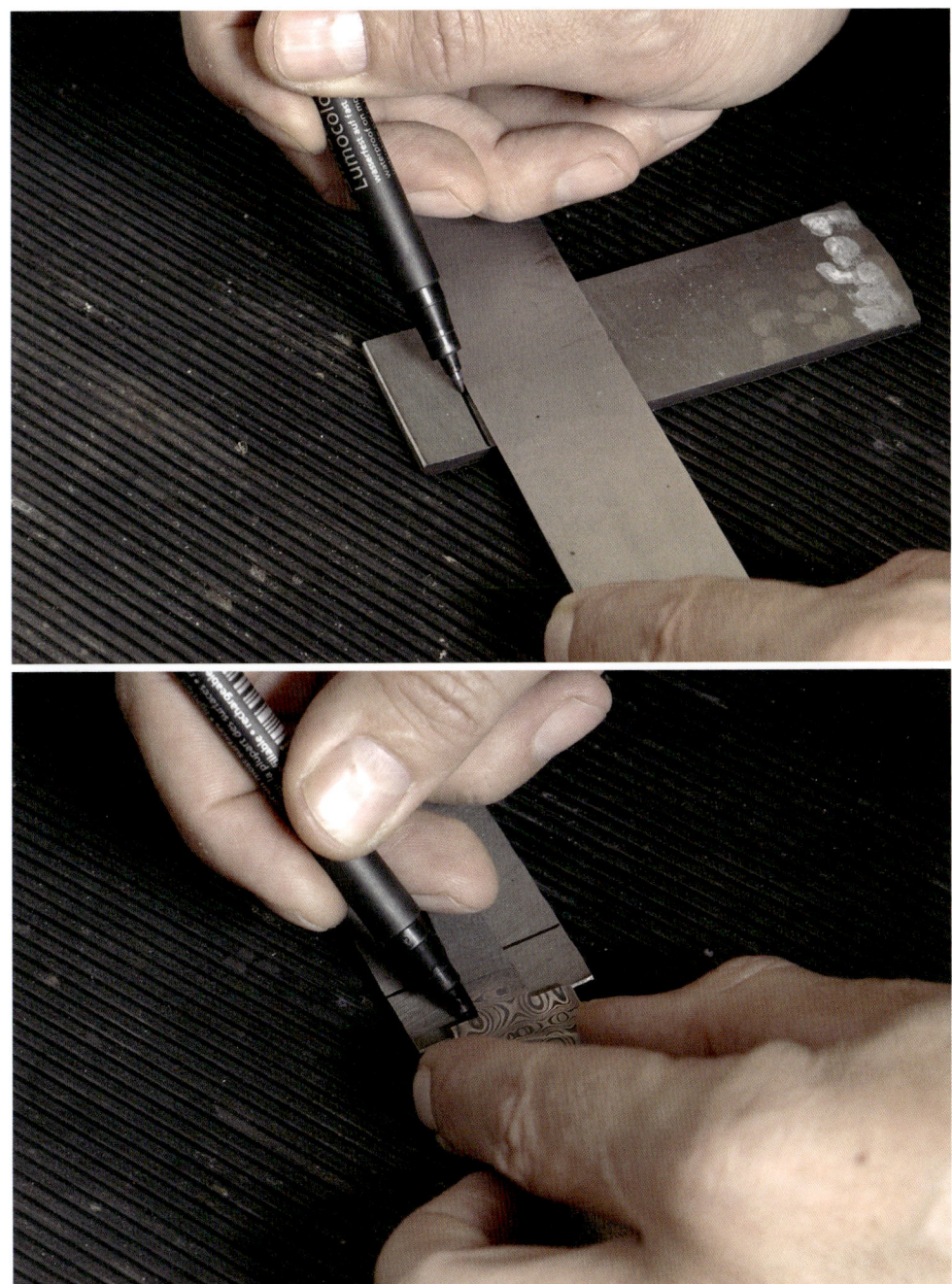

**Anzeichnen:** Am Flachmaterial wird ein Streifen für das vordere Abschlusselement des Griffs angezeichnet und die Breite der Angel eingetragen, als Maß für das Langloch.

Kapitel 6: Der Griff

**Absägen: Die angezeichneten Stücke für das vordere Abschlusselement und die hintere Kappe (siehe Seite 67) werden vom Flachstahl-Streifen abgesägt.**

Das Griffstück kann dann eingespannt und das Loch gebohrt werden. Dafür braucht man eine Ständerbohrmaschine. Der Durchmesser der Bohrung sollte so bemessen sein, dass ein wenig Spiel bleibt. Wir nehmen einen 4,0-mm-Bohrer. Das Loch wird am vorderen Griffende noch mit einem kleinen Sägeblatt länglich ausgeweitet, so dass die Angel möglichst exakt hineinpasst. Auch hier ist häufiges „Anprobieren" notwendig.

**Langloch bohren: Die Mitte des Stücks wird angezeichnet, dann auf der Breite der Angel eine Reihe von Bohrlöchern hintereinander gesetzt.**

Kapitel 6: Der Griff

Improvisation: Man setzt die Löcher erst aneinander und bohrt dann durch. So spart man sich den Einsatz eines (meist nicht vorhandenen) Fräsers.

Ausarbeitung: Das Langloch wird mit einer kleinen Feile geglättet und an die Angel angepasst, so dass eine saubere, spaltfreie Passung entsteht.

Nun wird der Griff – wenn nötig – in die endgültige Form gefeilt und mit Schleifleinen geglättet. Dann geht es mit dem vorderen Abschlusselement weiter. Die Außenkontur des Griffs (vorderes Ende) wird am Element angezeichnet, dann wird es mit der Feile in diese Form gebracht. Zum Ende der Feilarbeit hin empfiehlt sich ein regelmäßiger Vergleich mit dem Griffstück, damit nicht zu viel abgenommen wird.

**Augenmaß gefragt: Das Griffstück wird so auf die Fertigklinge gelegt, wie es später sitzen soll, und die Position der Angel angezeichnet.**

Kapitel 6: Der Griff

**Stirnseite anzeichnen:** Die Position wird auf die Stirnseite des auf Länge gesägten Griffstücks übertragen, die Mitte ausgemessen, das Bohrloch angezeichnet.

Kapitel 6: Der Griff

Bohrung setzen: Die Bohrung für die Angel wird in der Ständerbohrmaschine vorgenommen, das Loch am vorderen Griffende für die Angel weiten wir per Säge etwas aus.

Feinarbeit: Das erweiterte Loch muss an die Kontur der Angel angepasst sein, damit ein guter Sitz gewährleistet ist (zum Ende hin mit Abschlusselement „anprobieren").

Kapitel 6: Der Griff

**Griff bearbeiten:** Das Griffstück wird per Holzraspel und Feile in die gewünschte Außenform gebracht (dabei auf die Lage der Bohrung achten!).

**Vorerst fertig:** Unser Oosik-Griffstück besitzt nun die richtigen Konturen, es ist leicht gekrümmt und läuft konisch zum Ende zusammen.

Kapitel 6: Der Griff

Dann wenden wir uns der Abschlusskappe zu. Sie soll später Messer und Griff zusammenhalten. Dazu müssen wir ein Sackloch setzen (möglichst tief bohren, um eine maximale Gewindetiefe zu erreichen, aber nicht durchbohren!). Die Position des Lochs muss an die Lage der Bohrung im Griff angepasst sein. Es kann exakt mittig sitzen, muss aber nicht! Der Durchmesser des Lochs und das Gewinde, das wir nun hineinschneiden, muss natürlich der Gewindestange entsprechen, die wir auf die Angel geschweißt haben.

**Anzeichnen: Die Außenkontur des Griffstücks (am vorderen Ende) wird auf das vordere Abschlusselement übertragen (am besten mit durchgesteckter Angel, abweichend vom Foto, um die exakt richtige Position zu treffen).**

Kapitel 6: Der Griff

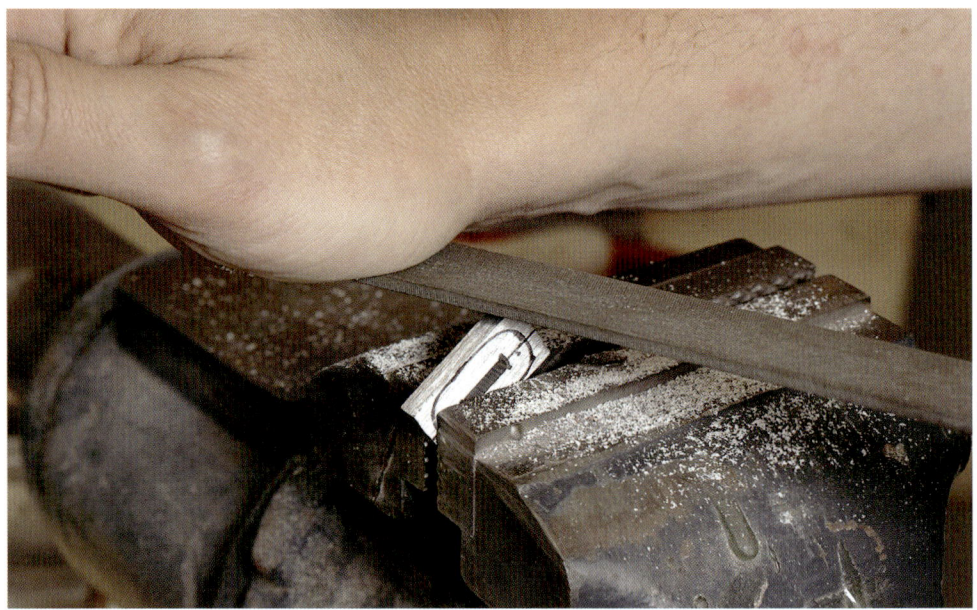

**Außenform bearbeiten:** Die äußere Kontur des Parierelements wird per Feile an die angezeichnete Linie angepasst.

**Fleißaufgabe:** Wir verzieren unser Parierelement noch mit einem umlaufenden Feilmuster auf der Griffseite.

Kapitel 6: Der Griff

Fertig für die Montage: Das vordere Abschlusselement kann nun vorerst zur Seite gelegt werden, wir wenden uns zunächst dem hinteren Griffende zu.

Sacklock bohren: In die Abschlusskappe körnen und bohren wir in der Mitte passend zur Gewindestange mit 3,2 mm (das Loch könnte je nach Griff auch nach außen versetzt sein).

Kapitel 6: Der Griff

Gewinde schneiden: In dieses Sackloch (das nicht durchgebohrt ist!) schneiden wir ein Gewinde, das zur Gewindestange auf der Angel passt (in unserem Fall M4).

Griffkontur: Der Griff (hinteres Ende) wird wieder auf der Kappe angezeichnet, dabei ist auf die Position des Bohrlochs in Griff und Kappe zu achten.

Kapitel 6: Der Griff

Kappe in Form feilen: Wie zuvor das vordere Abschlusselement wird nun auch die hintere Abschlusskappe außen an den Griff angepasst.

Fertig für den Endspurt: Griffstück, vorderes Abschlusselement (rechts) und Endkappe (links, wir haben sie außen leicht konisch geformt) sind bereit für die Montage.

Kapitel 6: Der Griff

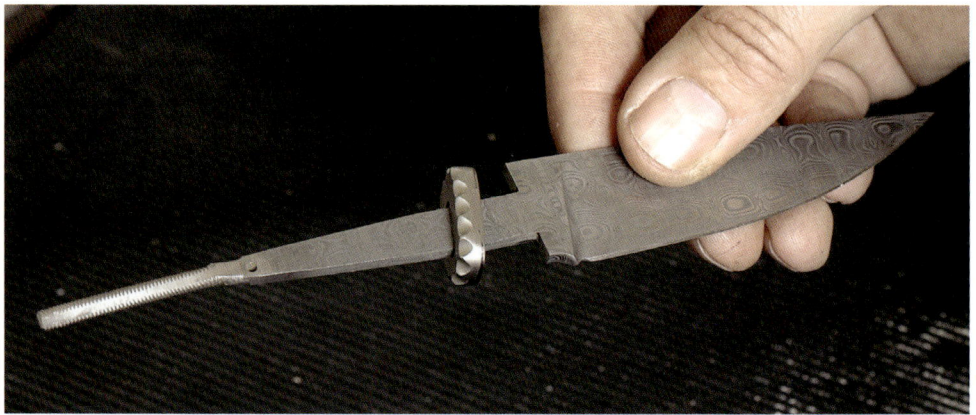

Anprobe: Zur richtigen Einstellung der Länge der Gewindestange wird zunächst das vordere Abschlusselement und dann der Griff aufgesteckt.

Lieber zu viel als zu wenig: Die Gewindestange muss ausreichend weit überstehen, um die Kappe aufschrauben zu können.

Jetzt kommt der schwierigste oder zumindest mühsamste Teil der ganzen Unternehmung: Die Gewindestange muss exakt so lang sein, dass die Abschlusskappe, wenn sie stramm aufgeschraubt wird, genau in der richtigen Position steht und mit dem Griff bündig abschließt. Hier heißt es also feilen, zusammenbauen, Kappe aufschrauben, Position prüfen, auseinander nehmen, feilen, zusammenbauen, Kappe aufschrauben und so weiter...

Wichtig: Wenn die richtige Länge erreicht ist, muss die Gewindestange unbedingt entgratet werden, sonst „frisst" sich das Gewinde später. Rostfreier Stahl ist in diesem Punkt sehr kritisch.

**Test:** Die Kappe muss, wenn sie festgezogen wird, nicht so schief wie im Bild stehen, sondern genau so, dass sie mit dem Griffstück rundum bündig abschließt.

Kapitel 6: Der Griff

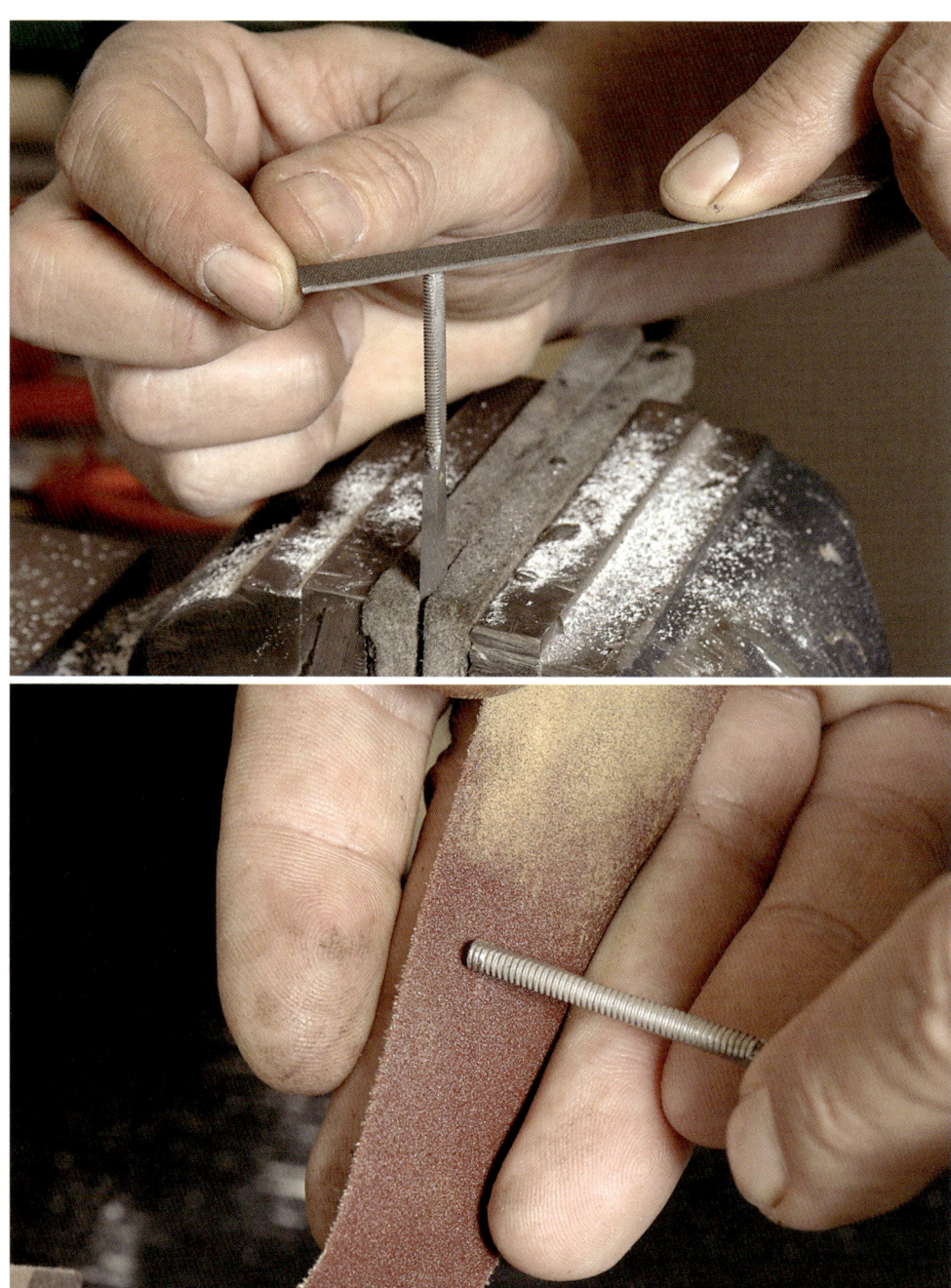

**Mühsam: Das Gewinde wird per Feile auf die exakt richtige Länge gekürzt, zwischendrin wird immer wieder probiert. Am Ende wird das Gewinde entgratet.**

Wenn alle Teile passen, werden die äußeren Oberflächen von Griff und Monturen mit Schleifpapier gefinisht. Wir beginnen mit Körnung 180 und arbeiten uns stufenweise bis auf Körnung 600 hoch. Man sollte sich dafür Zeit nehmen, denn nur so ist eine perfekte Oberflächenqualität zu erreichen.

**Finish: Der Griff wird mit Schleifleinen stufenweise auf die richtige Oberflächenqualität gebracht. Das ist zeitintensiv, lohnt aber die Mühe.**

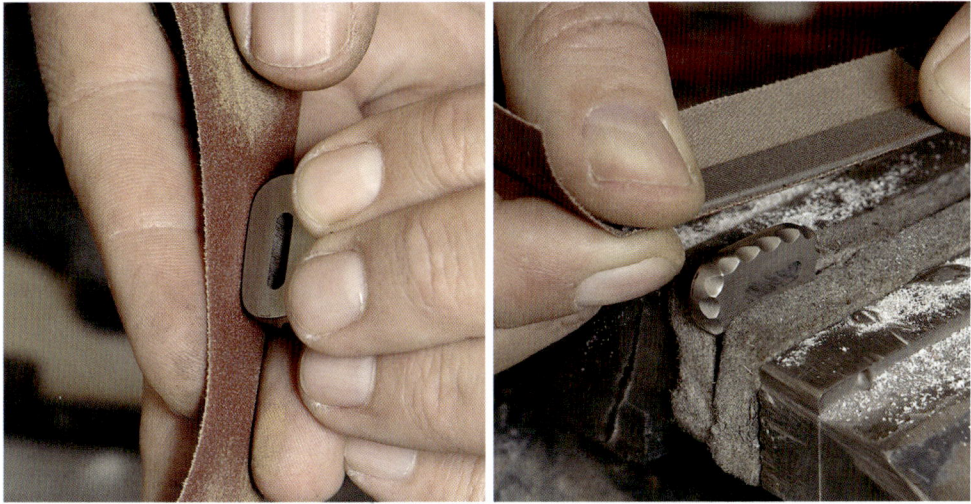

**Bis Körnung 600: Auch vorderes Abschlusselement und Kappe werden an den Außenseiten ausgehend von Körnung 180 in mehreren Schritten bis Körnung 600 geschliffen.**

## Kapitel 6: Der Griff

Dann geht es endlich an die Endmontage. Dafür wird das kleinere Bohrloch hinten im Griffstück mit Lackierer-Klebeband, das sich leicht entfernen lässt, verschlossen und das Griffstück mit dem größeren Loch nach oben im Schraubstock eingespannt. Wir rühren eine passende Menge Epoxy-Kleber an. Danach muss alles recht schnell gehen, bevor der Kleber fest wird: Er wird in die Bohrung im Griff gefüllt. Der Klebstoff sollte den Hohlraum blasenfrei ausfüllen.

Dann wird das vordere Abschlusselement auf die Angel geschoben und diese in den Griff gesteckt. Austretender Kleber muss sofort abgewischt werden! Dann drehen wir das Messer um, nehmen das Klebeband ab und schrauben die hintere Abschlusskappe auf. Die Position der Kappe muss passen, bevor der Kleber „anzieht", sonst hat man ein ziemlich großes Problem.

**Loch verschließen: Das kleinere Loch am hinteren Ende des Griffstücks wird abgeklebt, um den Epoxy-Kleber einfüllen zu können. Die anderen Teile liegen griffbereit.**

Jetzt muss es schnell gehen: Der Zweikomponenten-Epoxy-Kleber wird angerührt und die Bohrung im Griffstück damit ausgefüllt.

Ein kleiner Trick: Um Luftblasen im Griff zu vermeiden, stochert man mit einem dünnen Stab oder einer Ahle hinein, bevor der gesamte Kleber eingefüllt ist.

Kleinere Klebstoffreste in Fugen und Ecken entfernt man im halbfesten Zustand mit einem spitzen Gegenstand. Mit Klebstoffentferner aus dem Baumarkt wird das ganze Messer zum Schluss gereinigt.

Das war's. Unser Steckangel-Messer ist fertig. Nun geht es an die Scheide.

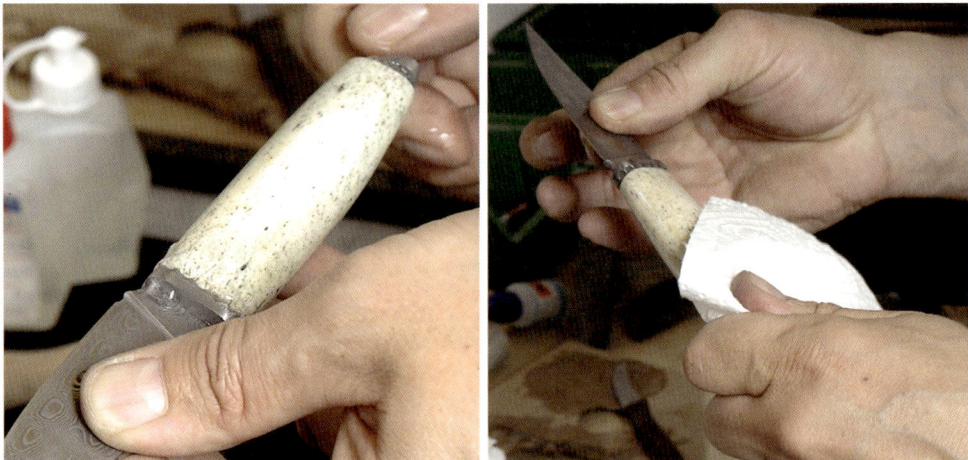

**Ruckzuck: Das Griffstück (mit vorderem Abschlusselement) wird auf die Angel gesteckt, das Klebeband entfernt, die Kappe aufgeschraubt und ausgetretener Kleber abgewischt.**

**Letzte Schritte: Die Kappe wird festgezogen (am besten mit einem Lederschutz im Schraubstock). Den Klebstoff in den Ecken entfernen wir im halbfesten Zustand.**

Kapitel 6: Der Griff

**Fertig:** Zum Schluss wird unser Messer rundum mit einem Klebstoffentferner gereinigt, um die letzten Reste zu entfernen. Das war's!

# DIE SCHEIDE

Es gibt eine ganze Menge Methoden, um einem feststehenden Messer eine passende Behausung zu spendieren. Neben den verschiedenen Typen von Scheiden (geschlossene oder offene Steckscheide oder Köcherscheide) und Materialien (Leder, Kydex, Cordura) gibt es zahlreiche Varianten der handwerklichen Umsetzung. Für unser klassisches feststehendes Messer im nordischen Design haben wir uns für eine traditionelle Köcherscheide aus Leder entschieden.

Die Machart entspricht dem Konzept von Heinrich Schmidbauer, der die Scheide nicht mit einer herkömmlichen Naht versieht, sondern mit einem etwa drei Millimeter breiten Lederband, das außen um die Kante der Scheide geflochten wird. Das sieht gut aus und hält zuverlässig.

**Ausgangsmaterial: Ein Bogen kräftiges Orthopädieleder.**

# Kapitel 7: Die Scheide

## WERKZEUGLISTE

- Spaltleder (Orthopädieleder)
- Soda
- Lederfarbe
- 1,50 Meter Lederband ca. 3,0 mm
- Bleistift (stumpf) oder Kugelschreiber
- Schleifleinen Körnung 180
- Sekundenkleber
- Kantenzieher
- Bohrer 2,0 mm
- Bohrmaschine
- Teppich- oder Ledermesser
- Pinsel für Lederfarbe
- Ledernadel
- Klammern zum Fixieren

Anzeichnen: Die Länge des Messers wird auf dem Leder großzügig eingezeichnet.

Das Wichtigste bei einer Scheide ist natürlich die Sicherheit. Die Scheide muss unbedingt das Durchstoßen der Klinge verhindern und das Messer dauerhaft festhalten. Unser Ausgangsmaterial ist robustes Spaltleder, auch als Orthopädieleder bezeichnet. Aus einem größeren Bogen Leder schneiden wir zunächst ein passendes Stück für unsere Scheide aus. Es hat etwa die Länge des Messers und seine dreifache Breite – plus eine Sicherheitszugabe von ein Paar Zentimetern. Im Zweifelsfall schneidet man das Stück lieber ein wenig zu groß aus.

Kapitel 7: Die Scheide

**Ausschneiden:
Das Stück hat etwa die dreifache Breite unseres Messers.**

Kapitel 7: Die Scheide

Das Leder wird in lauwarmes Wasser eingelegt, in dem wir zuvor zwei Esslöffel Soda aufgelöst haben. Das Soda sorgt nach dem Trocknen des Leders für eine ausreichende Härte und damit für die Stabilität der Scheide. Außerdem färbt es das Leder dunkler. Das Leder sollte mindestens zehn bis 15 Minuten eingelegt werden, damit es das Wasser gleichmäßig und vollständig aufnehmen kann. Danach wird das durchgeweichte Leder auf ein saugfähiges Tuch gelegt und auf beiden Seiten mit leichtem Druck abgetrocknet. Bis es wieder ganz trocken ist, dauert es Stunden oder Tage.

**Wundermittel:** Das Lederstück wird für zehn bis 15 Minuten in lauwarmes Wasser eingelegt, in dem ein gehäufter Esslöffel Soda gelöst ist. Das Soda bringt später die Härte.

Kapitel 7: Die Scheide

Trick: Zwischendrin wird das Leder gewalkt, damit es gleichmäßig durchfeuchtet wird.

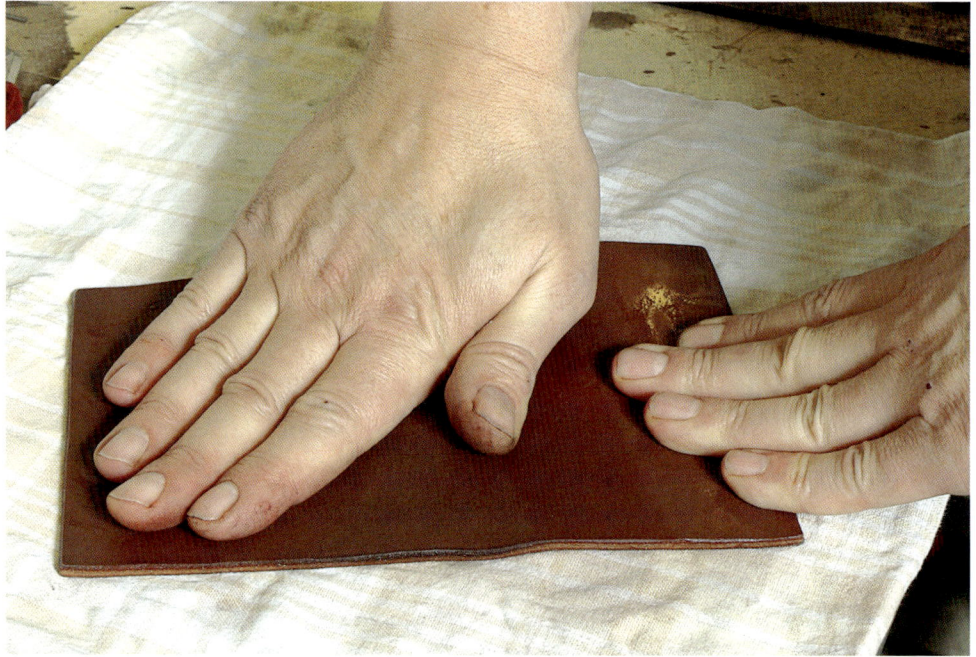
Vorbereiten: Das Leder wird auf einem saugfähigen Tuch sanft ausgedrückt.

Kapitel 7: Die Scheide

**Vorzeichnen:** Dann zeichnen wir mit ein paar Millimetern Abstand die Kontur des Messers an der Schneidenseite nach.

Anschließend legen wir das Messer auf unser Lederstück, und zwar am Rand mit der Schneide nach außen. Die Kontur wird mit einem Stift angezeichnet und dann mit einem Teppich- oder Ledermesser ausgeschnitten. Das Leder wird über das Messer geschlagen und auf der anderen Seite angezeichnet und ausgeschnitten (die Fotos zeigen besser als Worte, wie es geht). Wichtig ist, dass man genügend Material für die spätere Naht übrig stehen lässt.

Kapitel 7: Die Scheide

Hilfsmittel: Wer kein Kurvenlineal hat, kann auch andere geeignete Gegenstände zum Ausschneiden verwenden.

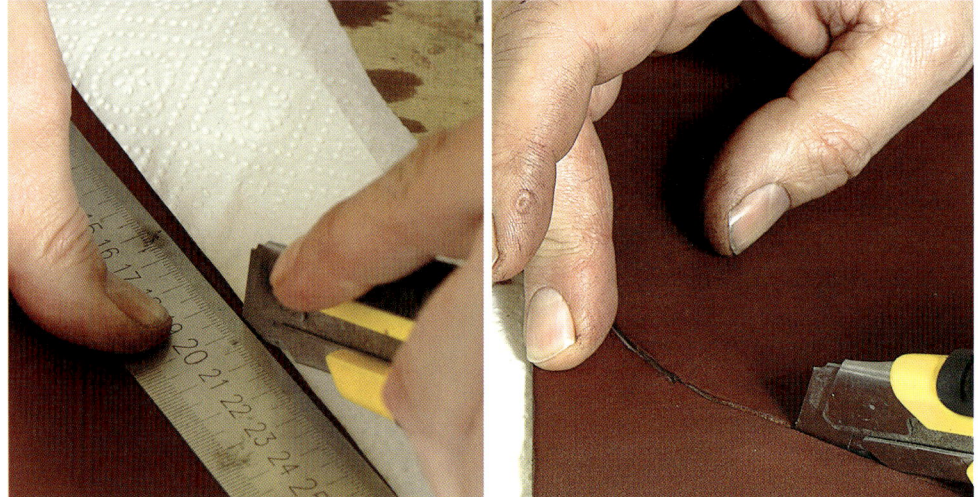

Abtrennen: Die geraden Schnitte kann man mit einem herkömmlichen Lineal (am besten aus Metall) durchführen. Das Freihandschneiden einer Kurve ist extrem schwierig.

Um einen sauberen Schnitt zu bekommen, sollte man als Hilfsmittel ein Lineal (am besten ein Kurvenlineal) oder ersatzweise Holzleisten, Teller oder etwas Ähnliches verwenden. Grundsätzlich gilt: Vorsicht bei feuchtem Leder! Die Oberfläche ist extrem empfindlich und verkratzt sehr leicht. Es empfiehlt sich daher, vor der Arbeit die Fingernägel ganz kurz zu schneiden, denn unschöne Abdrücke bleiben im Leder dauerhaft sichtbar!

Kapitel 7: Die Scheide

Zwischenstand: Die erste Kante ist geschnitten. Noch ist die spätere Form aber nicht zu erkennen.

Wechsel: Nachdem eine Seite geschnitten ist, wird das Leder über den Messerrücken geschlagen.

Kapitel 7: Die Scheide

Spiegelverkehrt: Auch die gegenüber liegende Seite wird angezeichnet (mit einer ausreichenden Zugabe für die spätere Naht).

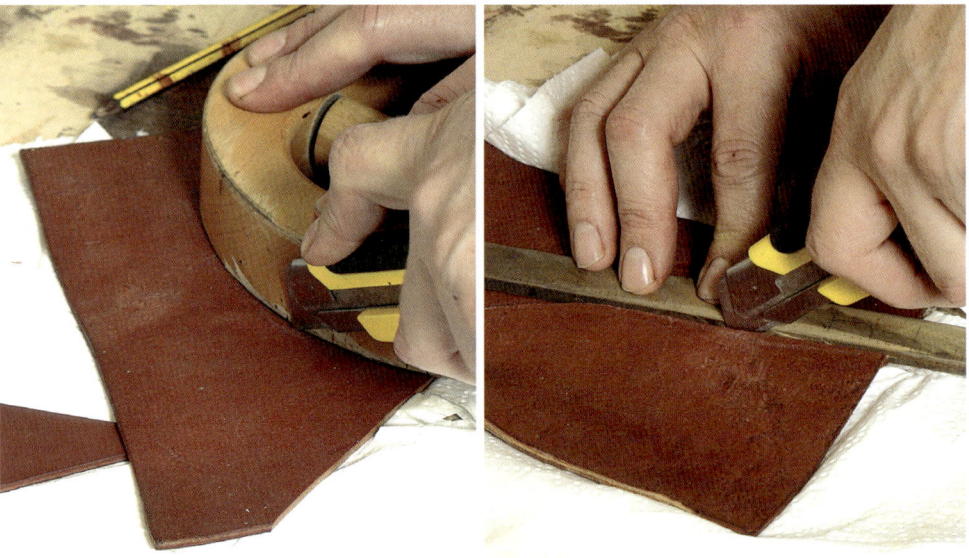

Wie gehabt: Die zweite Außenkante des Leders wird wieder mit Hilfe von Lineal und Kurvenschablone zugeschnitten. Sie sollte möglichst die gleiche Kontur haben.

Kapitel 7: Die Scheide

Gerader Abschluss: Die Oberkante der späteren Scheide wird zugeschnitten.

Kapitel 7: Die Scheide

Nachdem die Form unserer Scheide festgelegt ist, glätten wir die Kanten, so dass sie sauber übereinstimmen. Am einfachsten geht das auf einem Bandschleifer, sonst eben per Hand mit Schleifleinen.

**Glätten:** Ungleichmäßigkeiten der Kanten werden per Bandschleifer ausgeglichen.

**Probe:** Die Kanten sollten so eben, glatt und gerade wie möglich sein.

Kapitel 7: Die Scheide

So geht´s auch: Wer keinen Bandschleifer zur Verfügung hat, kann die Kanten per Hand mit Schleifleinen glätten.

Wichtig: Auch die Außenkanten des Lederstücks müssen gebrochen werden.

Kapitel 7: Die Scheide

Dann schneiden wir aus dem Restleder eine Kederleiste aus, die später zum Schutz der Scheide vor der Messerschneide eingearbeitet wird. Der Keder wird nach hinten (zum oberen Ende der Scheide hin) etwas ausgedünnt, damit sich später die Naht möglichst stufenlos präsentiert.

**Einlage vorbereiten: Aus dem restlichen Stück Leder schneiden wir einen Streifen, dessen Kontur der Scheide an der Messerschneide entspricht.**

Kapitel 7: Die Scheide

Ausschneiden: Der Streifen ist so lang wie die Messerschneide. Sie schützt später die Scheide vor Verletzungen durch die scharfe Klinge.

Kapitel 7: Die Scheide

**Passendes Ende:** Die Spitze der Einlage wird schräg abgeschnitten, damit sie in das Ende der Scheide passt.

**Anprobe:** Die Einlage muss außen an der Scheidenkontur und innen an der Klinge (also an der Schneide) anliegen.

Kapitel 7: Die Scheide

Ausdünnen: Die Einlage wird am oberen Ende (zur Scheidenöffnung hin) abgeflacht.

Einfacher: Mit dem Bandschleifer geht das Ausdünnen schneller.

Der Sinn: Durch die Abflachung entsteht ein weicher Übergang.

Keine Stufe: Sanfter Wechsel zum oberen Teil.

Kapitel 7: Die Scheide

Nun bringen wir mit dem Kantenzieher an der Außenkontur der Scheide eine rundum saubere Kante an. Sie dient zum einen der Optik und bildet zum anderen eine Vorgabe für die spätere Naht. Je nach Geschmack kann man nun eine Lederfarbe aufbringen, die es in verschiedenen Tönen gibt. Man kann dem Leder aber auch seinen natürlichen Farbton lassen.

**Linie ziehen: Mit dem Kantenzieher wird die Naht vorbereitet.**

**Individualisierung: Jetzt ist die Zeit gekommen, um persönliche Logos oder Muster einzuprägen.**

Kapitel 7: Die Scheide

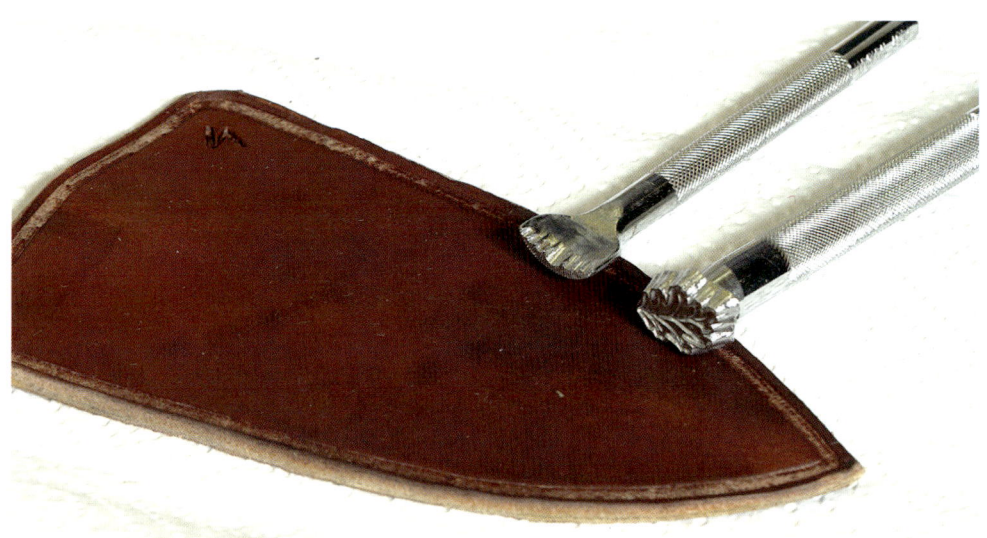

Große Auswahl: Im Fachhandel für Lederbedarf gibt es zahlreiche Punzen, mit denen man Muster zur Verzierung einprägen kann.

Lackschicht: Wir tragen mit dem Pinsel eine dunkelbraune Lederfarbe auf, die sehr schnell antrocknet.

Kapitel 7: Die Scheide

Nach dem Trocknen der Farbe (das geht ziemlich schnell) können wir die Scheide in ihre Form zusammenfalten und dabei die Schutzleiste einlegen. Die Leiste soll bündig am Rand entlang laufen. Wir fixieren die Stoßkante mit ein paar kleinen Klemmen und lassen – wenn alles passt – einen dünnflüssigen Sekundenkleber entlang der Lederkante einfließen. Nach ein paar Augenblicken können die Klammern wieder abgenommen werden, die Scheide wird vorläufig durch den Kleber zusammengehalten.

**Kritischer Moment: Die Außenhülle wird umgebogen, die Leiste passend eingelegt und das Ganze mit mehreren Klammern (Vorsicht: keine scharfkantigen Klammern!) fixiert.**

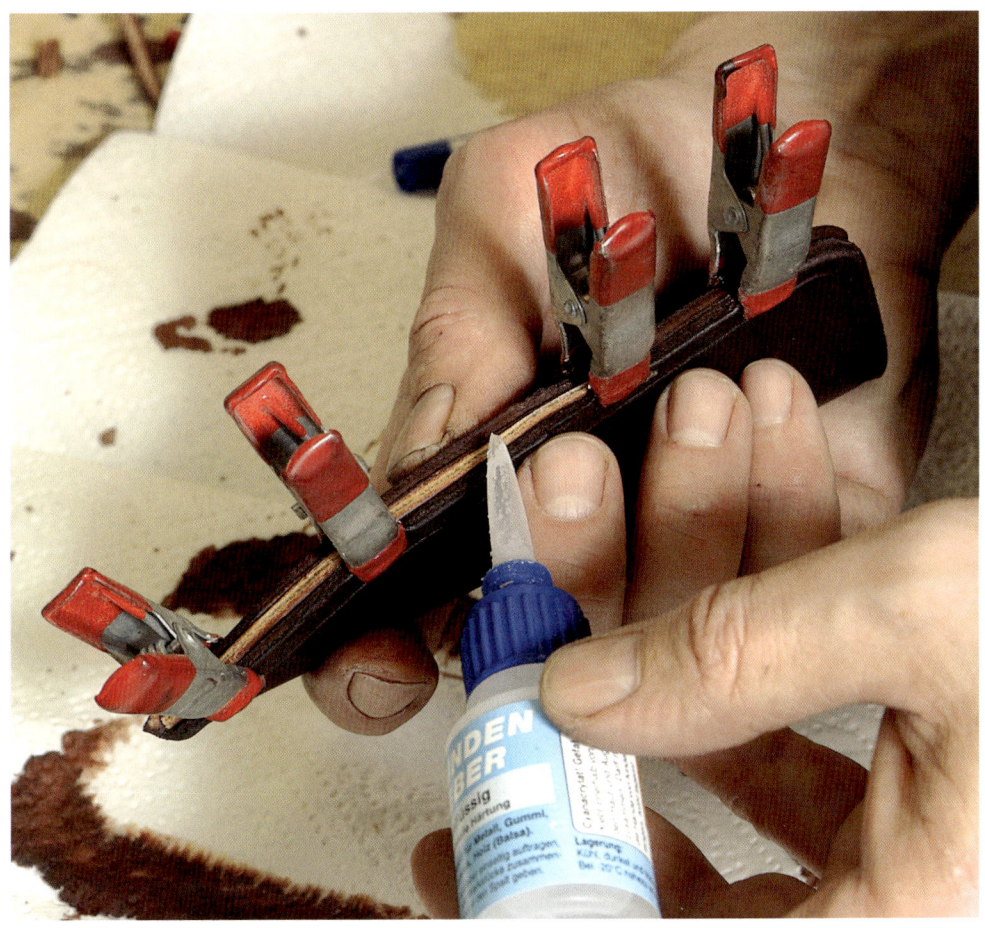

**Vorläufige Fixierung:** Wir lassen ein wenig Sekundenkleber in die Spalten fließen und kurz aushärten. Er sorgt vorübergehend für eine ausreichend feste Verbindung.

Vor der weiteren Arbeit bringen wir die Kante noch einmal mit Schleifleinen (Körnung 180) in Form und tragen Lederfarbe auf, dann geht es ans Nähen: Es beginnt mit dem Bohren der Löcher. Bei einer Naht mit Garn sollte man die Löcher stechen, weil gestochene Löcher stabiler (reißfester) sind. Wir ziehen es aber vor, mit einem 2,0-mm-Bohrer zu arbeiten, um etwas größere Löcher zu erhalten. Sonst wird es schwierig, die Lederbänder hindurchzuziehen. Die Löcher werden damit in einem gleichmäßigen Abstand gebohrt, der je nach Geschmack drei bis fünf Millimeter beträgt. Die Bohrergröße wird durch die Breite der Ledernadel bestimmt, die wir zum Nähen verwenden.

Kapitel 7: Die Scheide

Zwischengang: Nach dem Abnehmen der Klammern gehen wir nochmals mit Schleifleinen über die Kanten, bevor es weiter geht.

Einfacher und schneller: Auch hier gilt, wer einen Bandschleifer hat, ist klar im Vorteil.

Kapitel 7: Die Scheide

Nachlackierung: Die überarbeitete Kante wird wieder mit Lederfarbe bestrichen.

Kapitel 7: Die Scheide

**Lochung:** Wir setzen die Löcher für die Naht mit einem 2,0-mm-Bohrer.

**Gleichmäßigkeit gefragt:** Der Abstand der Löcher (drei bis fünf Millimeter) sollte möglichst harmonisch sein.

Nun schneiden wir ein ausreichend langes Stück Lederband von der Rolle ab (die richtige Länge liegt im Bereich zwischen einem und 1,50 Meter), befestigen das Band an der Nadel (es wird eingeklemmt), und los geht's: Wir nähen jeweils außen herum von einem Loch zum nächstfolgenden auf der anderen Seite (siehe Fotos). Am Ende angekommen, beginnen wir wieder von vorn und ziehen ein zweites Band kreuzweise versetzt durch die Löcher. Am Ende sind also durch jedes Loch zwei Bänder gezogen.

**Ruhige Hand nötig:** Das Lederband wird in das gespaltene Ende der Ledernadel geklemmt, dann sticht man durch das erste Loch an der Spitze der Scheide.

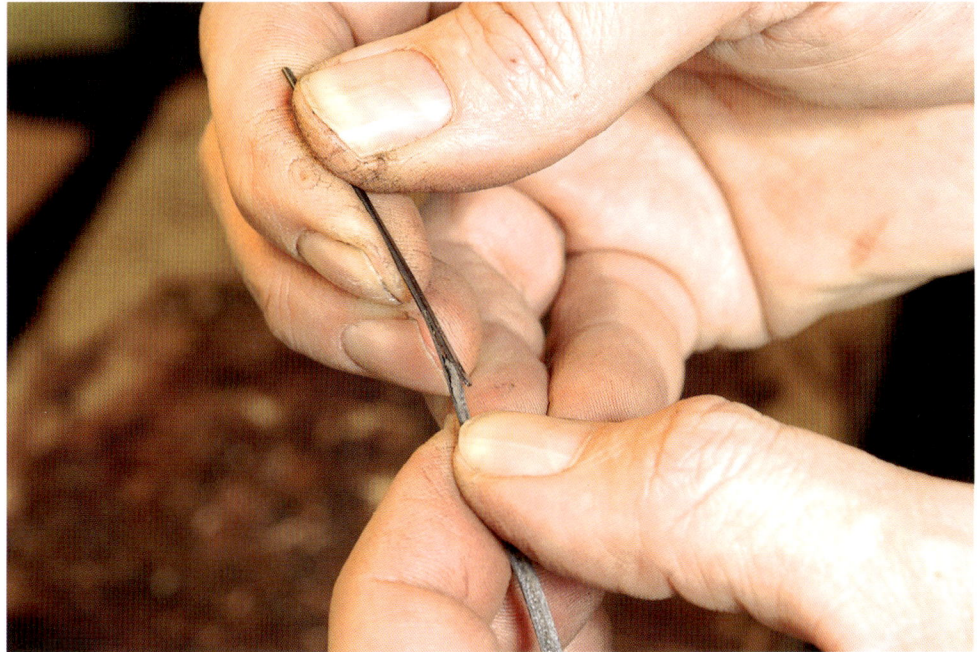

Kapitel 7: Die Scheide

Schlaufe: Das Lederband wird durchgezogen, einmal über die Kante zurückgelegt und dann von derselben Seite durchs nächste Loch gestochen.

Wechsel: Wenn man am Ende angekommen ist, lässt man ein kleines Stück Band stehen und beginnt mit einem zweiten Stück Lederband wieder von vorn, diesmal von der anderen Seite.

Kapitel 7: Die Scheide

Zughilfe: Beim zweiten Durchgang durch dieselben Löcher geht es schwieriger. Eine Zange hilft beim Durchziehen. Aber Vorsicht – das Lederband reißt relativ schnell.

Ohne größeren Aufwand: Wenn beide Bänder durchgeflochten sind, zieht man die Enden stramm und sichert sie mit einem Tropfen Sekundenkleber. Dann kann man sie kurz abschneiden.

Ist dieser Durchgang abgeschlossen, lassen wir ein wenig Sekundenkleber in die letzten Löcher der Naht tropfen, dann kann man die Enden der Lederbänder einfach abschneiden. Keine Angst, es hält.

## Kapitel 7: Die Scheide

Nun wird die Scheide ans Messer angepasst: Dazu führen wir das Messer vorsichtig (!) in die Scheide ein. Achtung: Da das Leder noch weich ist, kann es leicht durchstoßen werden! Wenn das Messer in der richtigen Position sitzt, wird das Leder per Hand an die Form des Messers angepasst. Auch hier muss man aufpassen, keine Fingernagelspuren oder ähnliche Kratzer zu hinterlassen.

**Vorsichtig einführen:** Das Messer wird langsam in die Scheide gesteckt, ohne das Leder zu beschädigen oder gar zu durchstoßen.

**Sanfte Massage:** Die Kontur des Leders wird an das Messer angepasst. Am Übergang von der Klinge zum Griff muss eine Kante entstehen.

An den Stellen, an denen das Leder gedehnt wird, erscheint es heller. Daher gehen wir nach dem Anpassen noch einmal mit Lederfarbe über die ganze Scheide. Nach dem Trocknen der Farbe polieren wir die Scheide mit einem weichen Lappen oder einer geeigneten Polierscheibe. Die Kante an der Öffnung der Scheide lässt sich am allerbesten mit einer Hirschgeweihspitze glätten. Man reibt die Kante damit ab, bis sie glatt und glänzend erscheint.

**Vergleich:** Die Klinge soll ausreichend weit, aber nicht zu weit in die Scheide reichen.

**Letzter Lack:** Wir tragen noch einmal Lederfarbe auf, damit auch das Band bedeckt ist.

Kapitel 7: Die Scheide

**Geheimtipp:** Offene Kanten polieren wir mit einer kleinen Hirschgeweihspitze.

**Matter Glanz:** Nach dem Trocknen der Farbe wird die Scheide rundum poliert.

Kapitel 7: Die Scheide

Nun bleibt nur noch, die Scheide zum Trocknen liegen zu lassen – am besten mehrere Tage. Man kann dazu das Messer auch darin lassen (vorher wird es in Frischhaltefolie eingepackt, damit die Feuchtigkeit es nicht angreift). Danach dient die Scheide als zuverlässige „Garage" für unser Messer.

Fertig ist die Messergarage: Eine einfache, aber formschöne und sichere Köcherscheide.

## SCHLAUFE ODER NICHT?

Wir haben bewusst keine Gürtelschlaufe in die Scheide eingearbeitet, weil sie zum Einstecken in eine Lederhose gedacht ist. Wenn man eine Schlaufe anbringen will, muss man das natürlich tun, bevor man die Scheide zusammennäht. Ein entsprechendes Stück Leder wird dazu – an der Körperseite der Scheide angenäht. Auch hier empfiehlt es sich, die Schlaufe zunächst mit Sekundenkleber in der richtigen Position zu sichern, bevor man die Löcher für die Naht sticht oder bohrt und beide Teile mit Garn vernäht.

# ZUBEHÖRLIEFERANTEN

Bei diesen Lieferanten erhalten Sie Materialien und Werkzeuge zum Messerbau.

**Nordisches Handwerk**
Inh. Janet Fischer
23562 Lübeck
Tel. 0451-3992797
kontakt@nordisches-handwerk.de
www.nordisches-handwerk.de

**Dhan-Blades and More**
D. Andre Olbricht
34593 Knüllwald
Tel. 05686-930108
mail@bladesandmore.de
www.bladesandmore.de

**Rudolf Weber Jr.**
42653 Solingen
Tel. 0212-592136
info@weberknives.de
www.weberknives.de

**Jürgen Schanz**
76297 Stutensee
Tel. 07249-952509
info@schanz-messer.de
www.schanz-messer.de

**Wolf Borger**
76676 Graben-Neudorf
Tel. 07255-72303
wolf@messerschmied.de
www.wolf-borger-messer.de

**Frank Wojtinowski**
83417 Kirchanschöring
Tel. 08685-1789
info@frank-wojtinowski.com
www.frank-wojtinowski.com

**Via Claudia Messermanufaktur**
Rupert Linder
86981 Kinsau
Tel. 08869-921495
post@messermanufaktur.de
www.nordische-messer.de

**Messerwerkstatt Steigerwald**
90530 Wendelstein
Tel. 09129-402151
info@steigerwald-messer.de
www.steigerwald-messer.de

**Stefan Gobec**
A-3680 Hofamt Priel
Tel. +43-7414-7675
stefan@gobec.at
www.gobec.at

# FASZINATION MESSERMACHEN

Aus der Praxis für die Praxis: die MESSER MAGAZIN Workshop-Reihe.

Softcover mit Spiralbindung, 16 x 23 cm;
128 Seiten mit 270 Abbildungen,
ISBN: 978-3-938711-33-0
**€ 29,80 / sFr 50,90 / € (A) 30,70**

Softcover mit Spiralbindung, 16 x 23 cm;
144 Seiten mit 340 Abbildungen,
ISBN: 978-3-938711-28-6
**€ 29,80 / sFr 50,90 / € (A) 30,70**

Softcover mit Spiralbindung, 16 x 23 cm;
144 Seiten mit 320 Abbildungen,
ISBN: 978-3-938711-22-4
**€ 29,80 / sFr 50,90 / € (A) 30,70**

Softcover mit Spiralbindung, 16 x 23 cm;
128 Seiten mit 190 Abbildungen,
ISBN: 978-3-938711-09-5
**€ 29,80 / sFr 50,90 / € (A) 30,70**

Softcover mit Spiralbindung, 16 x 23 cm;
144 Seiten mit 230 Abbildungen,
ISBN: 978-3-938711-14-9
**€ 29,80 / sFr 50,90 / € (A) 30,70**

Softcover mit Spiralbindung, 16 x 23 cm;
128 Seiten mit 160 Abbildungen,
ISBN: 978-3-938711-10-1
**€ 29,80 / sFr 50,90 / € (A) 30,70**

**Direktbestellung: Telefon 01805-216605***
E-mail: shop@wieland-verlag.com • Internet: www.wieland-verlag.com

*14 Cent/Min. aus dem Festnetz der dt. Telekom, abweichende Preise für Anrufe aus Mobilfunknetzen möglich

Håvard Bergland
**DIE KUNST DES SCHMIEDENS**
Das große Lehrbuch der traditionellen Technik
344 Seiten, über 1500 Abbildungen und Grafiken,
Format 215 x 260 mm, Hardcover,
ISBN 978-3-9808709-4-8
**€ (D) 49,80 / sFr 83,90 / € (A) 51,20**

**Direktbestellung: Tel. 01805-216605***
**E-mail: wieland@sigloch.de**

*14 Cent/Min. aus dem Festnetz der dt. Telekom, abweichende Preise für Anrufe aus Mobilfunknetzen möglich

Roman Landes
**MESSERKLINGEN UND STAHL**
Technologische Betrachtung von Messerscheiden
2., vollständig überarbeitete Auflage, 176 Seiten,
65 Fotos und Schaubilder, Format 160 x 230 mm,
Hardcover, ISBN 978-3-938711-04-0
**€ 39,80 / sFr 66,90 / € (A) 41,00**

**Direktbestellung: Tel. 01805-216605***
**E-mail: wieland@sigloch.de**

*14 Cent/Min. aus dem Festnetz der dt. Telekom, abweichende Preise für Anrufe aus Mobilfunknetzen möglich

# Alle Materialien zur Messerherstellung

Alle Werkzeuge und Maschinen, natürlich auch Steckangel-Klingen mit oder ohne passendem Handschutz, Werkzeuge zur Lederbearbeitung und vieles mehr...

MESSER AUS MEISTERHAND

Benzstraße 8
76676 Graben-Neudorf
wolf@messerschmied.de
www.messerschmied.de

## 20 Jahre DMG

Handarbeit mit Zertifikat, bei allen Mitgliedern der Deutschen Messermacher Gilde

## Das Symbol für Qualität

Deutsche Messermacher Gilde
Hans-Joachim Pöhler
Brettener Str. 101, 75438 Knittlingen
Telefon 07043-31607, E-Mail: joepoehler@aol.com
www.deutsche-messermacher-gilde.de

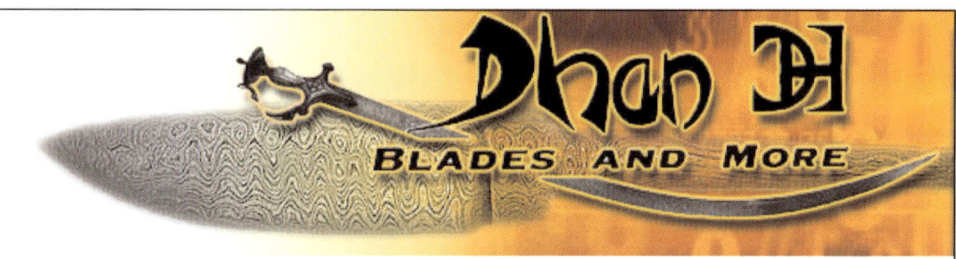

## Linder Carbon-Damast-Trachtenmesser.

**Traditionelle Schmiedetechnik.**

Ein echtes Sammlerstück! Carbonstahl-Klinge aus echtem Damast.

Die Klinge ist 10 cm lang, der Klingenrücken nach historischem Vorbild verziert.

Griff aus echtem Hirschhorn. Kappe und Zwinge aus Neusilber-Feinguß.

Nr. 582310
€ 199,– (UVP)

verzierter Klingenrücken

Scheide Eichenlaub-Dekor gegen Aufpreis lieferbar.

Linder Katalog 26 gratis anfordern
(Ausland nur per Download):
Tel. (0212) 33 08 56 · info@linder.de
www.linder.de

**HANDMADE Steigerwald GERMANY**

MESSERMATERIALIEN
ONLINE-SHOP
KATALOG
LEDERWERK-ZEUGE

Schwander Str. 12a
90530 Wendelstein
Tel. 09129-402151
Fax 09129-402152

www.steigerwald-messer.de

**NORDISCHES HANDWERK**
Messermacherbedarf

Materialien zur Messerherstellung und zum Lederscheidenbau:

Riesige Auswahl an fertigen Messerklingen und Rohlingen, Stahl, Passungen, Zwingen, Griffabschlüsse, edle Griffhölzer, Geweih und Horn, Fachliteratur, Werkzeuge und Bausätze, ...

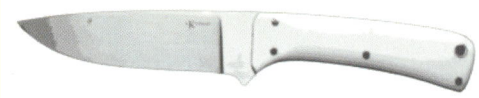

Nordisches Handwerk · Janet Fischer
Dorothea-Erxleben-Str. 46 · 23562 Lübeck
Telefon: 0451 / 3992797 · Fax: 0451 / 3992796
www.nordisches-handwerk.de
kontakt@nordisches-handwerk.de